全国城镇燃气领域安全生产培训系列教材

城镇燃气新员工
三级安全生产培训教程

应急管理部干部培训学院
北京市燃气集团有限责任公司 组织编写

应急管理出版社

·北 京·

图书在版编目（CIP）数据

城镇燃气新员工三级安全生产培训教程 / 应急管理部干部培训学院，北京市燃气集团有限责任公司组织编写. 北京 ：应急管理出版社，2025. -- ISBN 978-7-5237-0918-4

Ⅰ. TU996.9

中国国家版本馆 CIP 数据核字第 2025NH1934 号

城镇燃气新员工三级安全生产培训教程

（全国城镇燃气领域安全生产培训系列教材）

组织编写 应急管理部干部培训学院 北京市燃气集团有限责任公司
责任编辑 孟 琪 肖 力
责任校对 孔青青
封面设计 王 滨

出版发行 应急管理出版社（北京市朝阳区芍药居 35 号 100029）
电　　话 010－84657898（总编室） 010－84657880（读者服务部）
网　　址 www.cciph.com.cn
印　　刷 海森印刷（天津）有限公司
经　　销 全国新华书店

开　　本 710mm×1000mm 1/16 **印张** 14 **字数** 253 千字
版　　次 2025 年 5 月第 1 版 2025 年 5 月第 1 次印刷
社内编号 20240843 **定价** 56.00 元

编审委员会

前　言

燃气作为清洁、高效的基础性能源，广泛应用于各行各业，极大地便利了人们的生产生活。伴随着我国工业化、城镇化持续推进，城镇燃气业务呈现爆发式增长。目前燃气管网总长度达 121.53 万千米，在用燃气气瓶达 2.2 亿具，燃气使用遍及城镇街道、乡村社区，与每个人的生产生活息息相关。不可忽视的是，燃气具有易燃易爆的性质，一旦发生泄漏、着火、爆炸，往往严重破坏建筑物、造成群死群伤，甚至带来停电、停水、停工、停暖、交通瘫痪等连锁反应，引发社会公共服务功能大面积中断、群体性恐慌等灾难性后果。近年来，我国燃气事故呈多发态势，特别是 2021 年湖北省十堰市张湾区艳湖社区集贸市场“6·13”重大燃气爆炸事故、2023 年宁夏银川市兴庆区富洋烧烤店“6·21”特别重大燃气爆炸事故，均造成了极为惨重的人员伤亡与财产损失，极大地冲击了人民群众的安全感、幸福感，产生了严重的负面影响，也给城镇燃气经营企业敲响了警钟。

党中央、国务院高度重视城镇燃气安全生产工作，习近平总书记先后作出一系列重要指示批示，国务院安全生产工作委员会专门部署开展全国城镇燃气安全专项整治。2023 年 12 月，中共中央党校（国家行政学院）、应急管理部、住房城乡建设部、商务部、国家市场监督管理总局和国家消防救援局联合举办了全国城镇燃气领域落实安全生产主体责任视频培训班，以“知敬畏、明责任、控风险、提能力”为主题，一次性培训全国城镇燃气领域企业主要负责人 1.85 万人，有力提升了城镇燃气领域企业“第一责任人”安全风险防控意识和安全管理能力。遵照中央领导在全国城镇燃气领域落实安全生产主体责任视频培训班总结报告上的批示要求，应急管理部干部培训学院联合有关企业和中国城市燃气协会，牵头组织编制系列培训教材，共建城镇燃气安全生产网络学院，打造常态化燃气安全教育培训学习阵地，持续为燃气行业提供安全教育培训资源和服务。

本书为应急管理部干部培训学院牵头编制的全国城镇燃气领域安全生产培训系列教材之一，以北京市燃气集团有限责任公司作为第一主编单位，联合中国城市燃气协会、西安秦华燃气集团有限公司、港华投资有限公司、华润燃气控股有限公司、国燃燃气（邯郸）有限公司等单位共同编写完成。

本书旨在为城镇燃气领域新员工三级安全生产培训提供一个知识框架，帮助和指导有关企业切实做好新员工三级安全生产培训工作。全书共十章，第一、二章简要介绍了城镇燃气基础知识、安全常识等相关内容；第三章重点介绍了新员工需要了解的安全生产相关法律法规及标准规范等内容；第四章介绍了燃气经营单位安全生产管理涉及的安全管理体系和制度化建设、安全风险分级管控及隐患排查治理双重预防机制及应急管理体系等内容；第五章至第十章分别介绍了城镇燃气管网、门站和储配站、压缩天然气厂站、液化天然气厂站、液化石油气厂站、燃气用户六类燃气设施的工艺流程、主要设备设施的运行、检修、生产作业和应急抢修的相关安全要求。

本书编写过程中，我们广泛征求了业内专家和企业管理者的意见和建议，力求使内容更具针对性和实用性。在此特别感谢中国城市燃气协会、四川省燃气协会、厦门华润燃气有限公司等单位不吝指正，车立新、万云、詹淑慧、杨永慧、黄正顺、赵雪玲、倪慧荟、代濠源等资深专家的辛勤审校。

衷心希望本书能在城镇燃气领域新员工三级安全生产培训中发挥重要作用，也期待您在使用本书过程中提出宝贵的意见和建议，以便我们在后续版本中不断完善和优化。

本书编审委员会

2025 年 3 月

目　　录

第一章　城镇燃气基础知识

第一节　燃 气 的 分 类

城镇燃气是指符合城镇燃气质量要求，供给居民生活、商业、建筑采暖制冷、工业企业生产以及燃气汽车的气体燃料。城镇燃气是以可燃组分为主的混合气体，主要由烃类（如甲烷、乙烷、乙烯、丙烷、丙烯、丁烷、丁烯等）、氢、一氧化碳等可燃成分和二氧化碳、氮、氧等不可燃成分组成。不同类别的城镇燃气在基本性质上存在着差异，同时作为气源时燃气质量、加臭剂及加臭量等指标应当符合相关标准要求。

燃气的种类有很多，可以作为城镇燃气气源供应的主要是天然气、液化石油气和人工煤气。

一、天然气（NG）

1. 分类

天然气按照勘探、开采技术可分为常规天然气和非常规天然气两大类。

（1）常规天然气按照矿藏特点可分为气田气、石油伴生气和凝析气田气等。气田气是指产自天然气气藏的纯天然气。石油伴生气是指与石油共生的、伴随石油一起开采出来的天然气。凝析气田气是指从深层气田开采的含石油轻质馏分的天然气。

（2）非常规天然气是指由于各种原因在特定时期无法用常规技术开采的天然气资源，包括煤层气、页岩气、天然气水合物、水溶气及致密砂岩气等。煤层气是煤层形成过程中经过生物化学和变质作用以吸附或游离状态存在于煤层及固岩中的自储式天然气。页岩气是以吸附或游离状态存在于暗色泥页岩或高碳泥页岩中的天然气。天然气水合物俗称“可燃冰”，是天然气与水在一定条件下形成的类冰固态化合物。

2. 存在形式

天然气主要有管道天然气、压缩天然气（CNG）和液化天然气（LNG）三种存在形式。

（1）管道天然气是从气源地通过长输管道输送到城市外围，经城市门站接收并降压后，经不同压力管道输送、分配到用户。

（2）压缩天然气是将常温下的气态天然气加压至 10 ~ 25 MPa，体积减小至原体积的 1/200 ~ 1/300，再用长管拖车运输到城镇各接收站，供压缩天然气汽车加气，也可以减压后经管道供应燃气用户使用。

（3）液化天然气是在天然气处理厂将气态天然气经加压并深冷至 -162 ℃以下成为液态，体积约缩小至原体积的 1/600，再用专用运输船或槽车运输到接收码头或城镇接收站，最终经气化后分配、输送给用户。

二、液化石油气（LPG）

液化石油气是常温、常压下的石油系烃类气体，是石油开采、加工过程中经加压或降温得到的液态产物。液化石油气由多种低沸点碳氢化合物组成，其主要成分是丙烷、丙烯、丁烷和丁烯，简称 C_3、C_4。根据产地及用途的不同，液化石油气的成分可以有一定的差异。

三、人工煤气（MG）

人工煤气是指以固体或液体可燃物为原料经加工生产的气体燃料。一般将以煤为原料加工制成的气体燃料称为煤制气，用石油及其副产品（重油等）制取的气体燃料称为油制气。根据生产原料、加工制气的方法与设备的不同，人工煤气有许多分类。按照生产工艺的不同，人工煤气主要分为干馏煤气、气化煤气和油制气三大类。

第二节　燃气的质量要求

在燃气的输配、储存和应用的过程中，为了保证燃气系统和用户的安全，减少对管道设备的腐蚀、堵塞和损坏，减轻对环境的污染和保证系统的经济合理性，燃气必须满足一定的质量指标要求，并保持其质量的相对稳定。

《燃气工程项目规范》（GB 55009—2021）中对燃气的质量有以下要求：

（1）应符合国家规定的燃气分类和气质标准；应满足各类用户的用气需求和使用条件；发热量（热值）应保持稳定；组分变化应保证燃具正常工作。

（2）系统供应的燃气应确定基准发热量（热值），发热量（热值）变化应在基准发热量（热值）的 ±5% 以内。

一、燃气的质量要求

天然气、人工煤气、液化石油气的质量应符合表1－1、表1－2、表1－3的规定；汽车用压缩天然气的质量应符合表1－4的规定。贸易中，液化天然气的成分及质量，一般由供需双方依据合同进行约定。

表1－1　天然气的质量指标

项　目	质量指标
高位发热量/($MJ \cdot m^{-3}$)	≥31.4
总硫（以硫计）/($mg \cdot m^{-3}$)	≤100
硫化氢/($mg \cdot m^{-3}$)	≤20
二氧化碳（液/%）	≤4.0

资料来源：《燃气工程项目规范》（GB 55009—2021）。

注：表中气体体积的标准参比条件是101.325 kPa、20 ℃。

表1－2　人工煤气的质量指标

项　目	质量指标
低热值①/($MJ \cdot m^{-3}$)	
一类气②	>14
二类气②	>10
杂质	
焦油和灰尘/($mg \cdot m^{-3}$)	<10
硫化氢/($mg \cdot m^{-3}$)	<20
氨/($mg \cdot m^{-3}$)	<50
萘③/($mg \cdot m^{-3}$)	$<50 \times 10^2/P$（冬天）
	$<100 \times 10^2/P$（夏天）
含氧量④（体积分数）	
一类气	<2%
二类气	<1%
含一氧化碳⑤（体积分数）	<10%

资料来源：《燃气工程项目规范》（GB 55009—2021）。

注：① 表中煤气体积指在101.325 kPa、15 ℃状态下的体积（m^3）；

② 一类气为煤干馏气，二类气为煤气化气、油气化气（包括液化石油气及天然气改制）；

③ 萘指萘和它的同系物α－甲基萘及β－甲基萘；在确保煤气中萘不析出的前提下，各地区可以根据当地燃气管道埋设处的土壤温度规定本地区煤气中含萘指标；当管道输气点绝对压力（P）小于202.65 kPa时，压力因素可不参加计算；

④ 含氧量指制气厂生产过程中所要求的指标；

⑤ 对二类气或掺有二类气的一类气，其一氧化碳含量应小于20%（体积分数）。

表1-3　液化石油气的质量指标

项　目	质　量　指　标		
	商品丙烷	商品丙丁烷混合物	商品丁烷
密度（15 ℃）/($kg \cdot m^{-3}$)	报告		
蒸气压（37.8 ℃）/kPa	≤1430	≤1380	≤485
组分			
C_3 烃类组分（体积分数）/%	≥95	—	—
C_4 及 C_4 以上烃类组分（体积分数）/%	≤2.5	—	—
(C_3+C_4) 烃类组分（体积分数）/%	—	≥95	≥95
C_5 及 C_5 以上烃类组分（体积分数）/%	—	≤3.0	≤2.0
残留物			
蒸发残留物（mL/100 mL）	≤0.05		
油渍观察	通过		
铜片腐蚀（40 ℃，1 h）(级)	≤1		
总硫含量/($mg \cdot m^{-3}$)	≤343		
硫化氢（需满足以下要求之一）：			
乙酸铅法	无		
层析法/($mg \cdot m^{-3}$)	≤10		
游离水	无		

资料来源：《燃气工程项目规范》（GB 55009—2021）。

注：1. 液化石油气中不允许人为加入除加臭剂以外的非烃类化合物；

2. 每次以 0.1 mL 的增量将 0.3 mL 溶剂-残留物混合液滴到滤纸上，2 min 后在日光下观察，无持久不退的油环为通过；

3. “—”为不得检出。

表1-4　汽车用压缩天然气的质量指标

项　目	质　量　指　标
高位发热量①/($MJ \cdot m^{-3}$)	≥31.4
总硫（以硫计）①/($mg \cdot m^{-3}$)	≤100
硫化氢①/($mg \cdot m^{-3}$)	≤15
二氧化碳 mol：mol/%	≤3.0
氧气 mol：mol/%	≤0.5
水①/($mg \cdot m^{-3}$)	在汽车驾驶的特定地理区域内，在压力不大于 25 MPa 和环境温度不低于 -13 ℃的条件下，水的质量浓度应不大于 30 mg/m^3
水露点/℃	在汽车驾驶的特定地理区域内，在压力不大于 25 MPa 和环境温度不低于 -13 ℃的条件下，水露点应比最低环境温度低 5 ℃

资料来源：《车用压缩天然气》（GB 18047—2017）。

注：① 表中气体体积的标准参比条件是 101.325 kPa、20 ℃。

二、燃气的加臭

天然气本身无味，有些液化石油气臭味不强，发生泄漏时不易被察觉。为了防止因燃气泄漏不能及时发现进而导致中毒、爆炸等事故的发生，要求城镇燃气必须加臭。一般方式是在燃气中加入加臭剂。如果管网系统中发生燃气泄漏，可以引起操作和管理人员的警觉，及时消除泄漏隐患；如果在居民家中发生燃气泄漏，用户也能够及时察觉。因此，燃气加臭是燃气运行管理工作中重要的内容。

《燃气工程项目规范》(GB 55009—2021）中对燃气的加臭有以下规定。

（1）无毒燃气泄漏到空气中，达到爆炸下限的20%时，应能察觉。

（2）有毒燃气泄漏到空气中，达到对人体允许的有害浓度时，应能察觉。

（3）对于含一氧化碳有毒成分的燃气，空气中一氧化碳含量的体积分数达到0.02%时，应能察觉。

我国目前常用的加臭剂主要有四氢噻吩（THT）和硫醇（EM）等，无硫加臭剂（丙烯酸酯类的混合物）也有应用。

根据调查，国内一些大中城市在天然气中加入四氢噻吩（THT)，加入量各不相同：北京为20～30 mg/m^3，上海为18～22 mg/m^3，天津为25 mg/m^3，广州为25 mg/m^3，齐齐哈尔为16～20 mg/m^3。四川省绵阳市在天然气中加入无硫加臭剂，加入量为20 mg/m^3。

根据国内加臭剂的加入量情况，在燃气管网起始端，常见无毒燃气的加臭剂用量可以参考表1－5的数值进行添加。

表1－5　管网起始端常见无毒燃气的加臭剂添加量表

燃气种类	加臭剂/(mg·m^{-3})		
	四氢噻吩	硫醇	无硫加臭剂
天然气（天然气在空气中的爆炸下限为5%）	20	4～8	15～18
液化石油气（C_3和C_4各占一半）	50	—	—
液化石油气与空气的混合气（液化石油气：空气＝50：50，液化石油气成分为C3和C4各占一半）	25	—	—

数据来源：《城镇燃气加臭技术规程》(CJJ/T 148—2010)。

第三节 燃气供应系统

一、管道燃气供应系统

管道燃气供应系统通常由天然气门站、燃气管网、储气设施、调压设施、管道附属设备和监控系统等构成。

（一）天然气门站

天然气门站的任务是接收长输管线来气，一般具有接收气源来气、调节供气压力、分配气量、计量、加臭、气质检测等功能。当长输管道采用清管球清管工艺时，门站还需设置清管球接收装置。

门站的站址应符合城镇总体规划和燃气发展规划的要求，站内应分区布置，可分为生产区（包括储罐区、调压计量区、加臭区等）、辅助区和办公区。

站内设备、仪表、管道等安装的水平间距和标高，均应符合标准要求，并便于观察、操作和维修。

（二）燃气管网

1. 压力级制

综合考虑管网输送经济性、管道敷设安全性、下游不同用户使用压力需求等多种因素，输配管道根据最高工作压力进行分级，输配管道压力分级见表1-6。

表1-6 输配管道压力分级

名称		最高工作压力 P/MPa
超高压		$4.0<P$
高压	A	$2.5<P\leqslant4.0$
	B	$1.6<P\leqslant2.5$
次高压	A	$0.8<P\leqslant1.6$
	B	$0.4<P\leqslant0.8$
中压	A	$0.2<P\leqslant0.4$
	B	$0.01<P\leqslant0.2$
低压		$P\leqslant0.01$

1）城镇燃气输配系统的形式

城镇燃气输配系统的主要部分是燃气管网，根据所采用的管网压力级制可分为以下几种形式。

（1）一级系统。一级系统是指仅用一种压力级制的管网分配和供给燃气的系统，通常为低压或中压管道系统。一级系统一般适用小城镇的供气，当供气范围较大时，输送单位体积燃气的管材用量将急剧增加。

（2）二级系统。二级系统是指用两种压力级制的管网分配和供给燃气的系统。设计压力一般为中压 B－低压或中压 A－低压等，如图 1－1 所示。

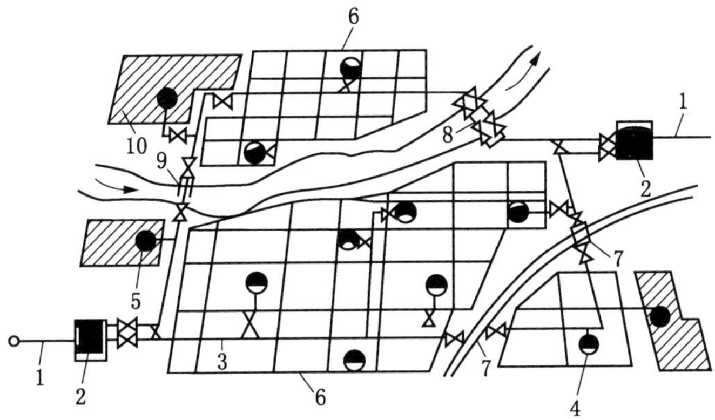

1—长输管线；2—门站；3—中压 A 管网；4—区域调压站；5—工业企业专用调压站；6—低压管网；7—穿越铁路套管敷设；8—穿越河底的过河管；9—沿桥敷设的过河管；10—工业企业

图 1－1　二级系统示意图

（3）三级系统。三级系统是指用三种压力级制的管网分配和供给燃气的系统。设计压力一般为高压－中压－低压或次高压－中压－低压等，如图 1－2 所示。

（4）多级系统。多级系统是指用三种以上压力级制的管网分配和供给燃气的系统，如图 1－3 所示。

2）城镇燃气输配系统中管网采用不同压力级制的原因

（1）管网采用不同压力级制的经济性较好。当大部分燃气由较高压力的管道输送时，管道的管径可以选得小一些，管道单位长度的压力损失允许大一些，可以节省管材。将大量的燃气从城镇的某一区域输送到另一区域，采用较高的输气压力比较经济合理。对城镇里的大型工业企业用户，也可敷设压力较高的专用输气管线。

（2）各类用户需要的燃气压力不同。例如：居民用户和小型商业用户需要

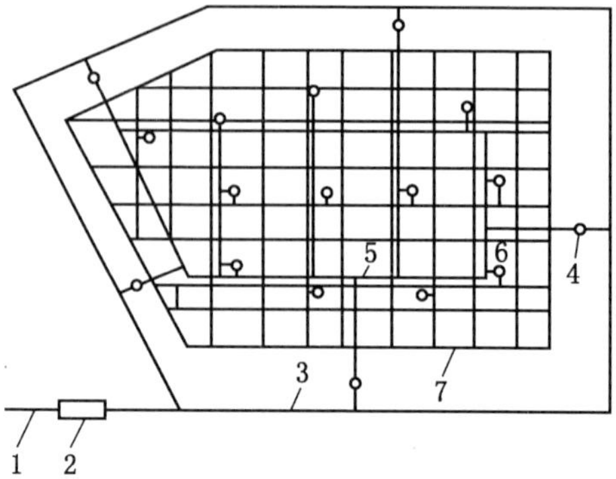

1—长输管线；2—门站；3—次高压管网；4—次高压－中压调压站；5—中压管网；6—中－低压调压站；7—低压管网

图1－2　三级系统示意图

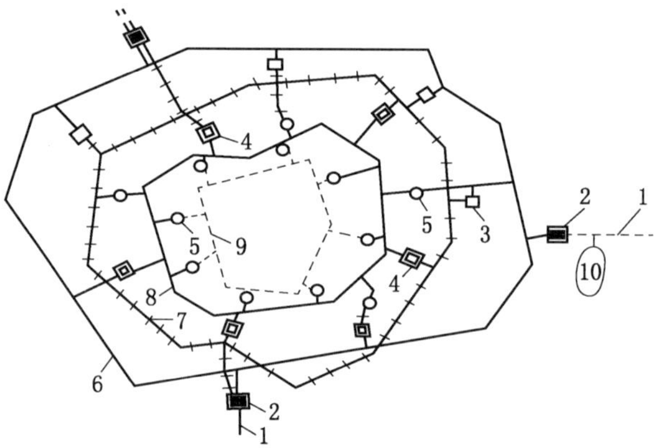

1—长输管线；2—门站；3—调压计量站；4—储气站；5—调压站；6—高压 B 管网；7—次高压 B 管网；8—中压 A 管网；9—中压 B 管网；10—地下储气库

图1－3　多级系统示意图

低压燃气，而大型工业企业则需要中压或以上压力的燃气。

（3）消防安全要求。在未改建的老城区，建筑物比较密集，街道和人行道都比较狭窄，不宜敷设较高压力的管道。此外，由于人口密度较大，从安全运行和方便管理的角度看，也不宜敷设高压或次高压管道，只能敷设中压或低压管道。另外，大城市燃气输配系统的建造、扩建和改建过程历时较长，老城区原有燃气管道的设计压力，大都比近期建造管道的压力低。

2. 管网形状分类

为了便于工程设计中进行管网水力计算，通常将管网分为以下形状。

（1）环状管网。管道连成封闭的环状，它是城镇输配管网的基本形式，在同一环中输气压力处于同一级制。

（2）枝状管网。以干管为主管，呈放射状由主管引出分配管而不成环状。在城镇管网中一般不单独使用枝状管网。

（3）环枝状管网。环状与枝状混合使用的一种管网形式，是工程设计中常用的管网形式。

（三）储气设施

储气设施是天然气管网系统中关键的基础设施，主要用于调节用气峰谷差，优化管网运行压力。储气设施按储存介质分类见表 1－7。储气设施的发展趋势是大型化、智能化、标准化、多能互补。

表 1－7　储气设施按储存介质分类表

类　型	储存形式	压力/温度	典型规模	应用场景
地下储气库	气态	5～20 MPa	亿 m^3 级	季节调峰
LNG 储罐	液态	－162 ℃	万 m^3 级	接收站/调峰站
CNG 储气	气态	20～25 MPa	千 m^3 级	加气站/应急储备
管道储气	气态	4～10 MPa	动态储存	日调峰

（四）调压设施

调压设施的核心设备是调压装置，调压装置是由调压器及其附属设备组成，将较高燃气压力降至所需的较低压力的设备单元总称。设有调压装置和计量装置的建（构）筑物及附属安全装置的总称就是调压站，设有调压装置的房间叫调压室。调压箱是设有调压装置的专用箱体，调压箱属于整装设备。受到地上条件限制，目前一些大城市在繁华地带出于美观要求设置了地下调压箱或直埋式调压装置。这类调压装置主体设备设置于地下，不影响美观及交通，仅在设备检修时将地下设备提升至地面进行操作。

（五）管道附属设备

为了保证燃气管网的安全运行，并考虑检修、接线的需要，在管道的适当地点应设置必要的附属设备。这些设备包括阀门、波纹管调长器、排水器、放散管等。

（1）阀门是用来启闭管道通路或调节管道内介质流量的设备。通常阀体的机械强度比较高，转动部件灵活，密封部件严密耐用，对输送介质的抗腐蚀性强；同时零部件的通用性好。燃气阀门必须定期进行检查和维护。阀门设置的数量经过经济技术比较和安全性分析能够维持系统正常运行即可。燃气管道上常用的阀门有闸阀、球阀、蝶阀、截止阀、旋塞阀等。为操作方便，地下燃气管道上的阀门一般都设置在阀室中，为了节省空间阀门直埋的敷设方式逐渐增多。

（2）波纹管调长器由波纹管和构件共同组成，是用来调节燃气设备拆装引起的管道与设备轴向位置变化的，不承担因温度变化对管道的补偿功能，因此当操作完成后，必须将拉杆螺母拧紧。

（3）输送含水的燃气时，管道需要设置排水器，定期排放冷凝水。天然气管道一般不需要设置排水器。

（4）放散管是专门用来排放管道中的空气或燃气的装置。在施工完成、管道投入运行时利用放散管排空管道内的空气；在管道或设备检修时，可利用放散管排空管道内的燃气。放散管控制部分一般设在闸井中，放散操作时将临时管道接至合适的放散地点。

（六）监控系统

监控系统的主要功能是通过数据采集、数据监控、数据分析和数据应用等一系列流程来实现燃气管网设备设施的监测和管理。通过监测和设备的压力、温度等参数，系统能够及时检测到设备的故障、泄漏等异常情况，发出报警信息并采取关阀等措施，提高燃气供应系统的安全性、可靠性。燃气监控系统正向智能化、大数据化快速发展，AI 技术实现泄漏预测和智能联动，物联网与数字孪生推动实时精准管控，未来将形成“感知 - 预警 - 决策”全自动化安全体系。

二、压缩天然气供应系统

压缩天然气（CNG）供应系统是将天然气压缩至较高压力，用槽车运输到城镇各接收站。压缩天然气可以转输或直接给压缩天然气汽车加气，也可以减压后经管道供给城镇燃气用户使用。压缩天然气供应系统一般包括天然气增压、运输及储存、汽车加气或减压供气等主要环节。

天然气可以在气源地经净化、压缩后，运输至城镇接收站；也可以在城镇附近由天然气管道取气、增压后得到 CNG，这类厂站称为天然气加压站。

CNG 储气装置主要有小气瓶组储气、大气瓶组储气、大容量高压容器储气和地下管式竖井储气四种类型。

CNG 可以使用汽车载运气瓶组或气瓶车运输，也可以用船载气瓶水路运输。CNG 运输至城镇后，可以在压缩天然气储配站进行卸车、降压和储存，然后进入中、低压管网系统给城镇燃气用户供气，也可以在天然气加气站，根据需要充装气瓶运输车或给以 CNG 为能源的汽车加气。

城镇 CNG 接收站包括卸车接收设备、储气设施、降压输送、计量、加气等设备，给城镇用户供气时，还应具有加臭功能。

三、液化天然气供应系统

液化天然气（LNG）供应系统包括天然气预处理、液化、储存、运输、接收、再气化及其冷量回收等工艺过程。

在天然气处理厂将天然气超低温液化后，用专用运输船或槽车运输到接收码头或城镇各接收站，经气化后分配、输送给用户。作为燃料，液化天然气也可用于以 LNG 为动力的车用能源。

液化天然气的运输方式主要有远洋槽船运输和汽车槽车运输两种。液化天然气管道运输只在 LNG 接收港口附近有一些应用。因为液化天然气温度极低，对管道的材质和保温等有很高的要求，不适合较长距离使用管道。

液化天然气储罐（图 1－4）是储存低温液态天然气的设备。鉴于液化天然气的特殊性及风险性，LNG 储罐应具有较强的耐低温性能和良好的保冷隔热性能。地上安装时，应有抗震、耐风雪荷载的能力；同时，还应满足工艺需要和安

图 1－4　LNG 储罐实景图

全操作等要求。选择罐型时应综合考虑技术、经济、安全性能、占地面积、场址条件、建设周期及环境等因素。LNG 储罐由内罐、外罐（壳）组成，内外罐之间填充绝热材料进行保温、隔热。

在液化天然气接收码头，LNG 经卸料臂输送到贮液罐储存；来自贮罐的 LNG 由泵升压后送入气化器，LNG 受热气化后输送到下游天然气输配管网。

液化天然气须经过气化并恢复到常温以后才可供用户使用。LNG 气化器是专门用于液化天然气气化的换热器，低温的液态天然气在气化器中吸热发生相变，并进行升温、气化。LNG 气化器的热媒可以是空气、水等介质。

城镇 LNG 供应一般通过汽车槽车或小型运输船运输至接收气化站（又称为液化天然气卫星站），经接收（卸气）、储存、气化、调压、计量和加臭后，送入城镇天然气输配管道，供用户使用。

四、燃气用户供气系统

城镇居民和商业用户建筑物内燃气系统包括燃气管道、调压器、燃气表、燃具或用气设备等。应根据燃气种类及特性、安装条件、工作压力及用户要求等进行设计、计算燃气用户供气系统，并应按设计规范布置燃气管线及设备。

用户燃气管道及附件应结合建筑物的结构合理布置，并应设置在便于安装、检修的位置；室内燃气管道在穿越建筑物基础、墙、楼板及管沟时应加装套管；管道应尽量集中布置在用气房间；管道宜明设，暗埋或暗设的用户支管应符合相关安全要求。用户燃气管道架空或沿建筑外墙敷设时，应采取防止外力损害的措施。

（一）居民用户燃气供应系统

居民用户生活用气主要用于炊事和生活用热水的加热。我国目前居民使用的燃具多为民用双眼灶（或烤箱灶）及快速热水器。

居民用户燃气供应系统由室内管道（引入管、总立管、水平干管、支管）、阀门、燃气表、连接管及燃气用具等组成。燃气经过室内燃气管道、燃气表再达到各个用气点。常见的燃气用具有燃气灶、燃气热水器、燃气壁挂炉等。

居民用户应选用低压燃具，应设置在通风良好、具有给排气条件、便于维护操作的厨房、阳台、专用房间等符合燃气安全使用条件的场所，燃具应设置熄火保护装置。

（二）商业用户燃气供应系统

商业用户主要包括居民区配套的公共建筑设施，如宾馆、旅馆、饭店、学校、医院等用户。

商业用户燃气供应系统组成和居民用户燃气供应系统类似，一般由室内管道、阀门、燃气表、连接管及燃气用具等组成。商业用燃气设备主要有中餐燃气炒菜灶、燃气大锅灶、燃气蒸箱、燃气沸水器、燃气烘炉、燃气烧烤炉等。商业燃具应设置熄火保护装置。公共用餐区域、大中型商店建筑内的厨房不应设置液化天然气气瓶、压缩天然气气瓶及液化石油气气瓶。

为能及时监测到燃气泄漏，按照相关标准规范要求，商业用户应安装可燃气体泄漏报警及紧急切断装置，在特殊情况下还应安装独立的排风系统等辅助设施。

（三）工业用户燃气供应系统

我国城镇的工业用户主要是将燃气用于生产工艺的热加工。供应系统主要从城市管网接入，由工厂引入管、厂区燃气管道、车间燃气管道、阀门、调压设施、计量装置、放散装置、炉前管道进入燃气设备，还应设置可燃气体报警及紧急切断装置等安全装置。工业企业用户一般由城市中压或高压管网供气，大型企业设专用线由城市门站或高压调压站直接供气。

第二章　安　全　常　识

第一节　安全及安全生产基础知识

一、安全与安全生产

（一）安全

安全是泛指没有危险，不出事故的状态。“无危则安，无损则全”最早出于《周易》里面的《易传》，是古人对“安全”的最早概括。安全系统工程的观点认为，安全是生产系统中人员、设备设施、环境免遭不可承受风险伤害的状态。

安全是一个相对的概念，世界上没有绝对的安全，任何事物都包含不安全的因素，具有一定的危险性，当危险低于某种程度时，就可认为是安全的。

（二）安全生产

《辞海》对“安全生产”解释：为预防生产过程中发生人身、设备事故，形成良好劳动环境和工作秩序而采取的一系列措施和行动；《中国大百科全书》对“安全生产”解释：旨在保护劳动者在生产过程中安全的一项方针，也是企业管理必须遵循的一项原则，要求最大限度地减少劳动者的工伤和职业病，保障劳动者在生产过程中的生命安全和身体健康。根据现代系统安全工程的观点，安全生产是指在社会生产活动中，通过人、机、物料、环境的和谐运作，使生产过程中潜在的各种事故风险和伤害因素始终处于有效控制状态，切实保护劳动者的生命安全和身体健康。城镇燃气安全生产是指在城镇燃气建设、运行、使用等各个阶段的安全，防止和减少生产安全事故，消除或控制危险和有害因素，保障人身安全与职业健康，保障设备和设施免受损坏、环境免遭破坏行为的总称。

安全生产管理就是针对人们在生产过程中的安全问题，运用有效的资源，发挥人们的智慧，通过人们的努力，进行有关决策、计划、组织和控制等活动，实现生产过程中人与机器设备、物料、环境的和谐，达到安全生产的目标。城镇燃气的安全生产管理的目标是，减少和控制危害，减少和控制事故，尽量避免生产过程中由于事故所造成的人身伤害、财产损失、环境污染以及其他损失。

二、安全风险管理

风险是指某一特定危险情况发生的可能性和后果的组合（不确定性对目标的影响）。也就是发生危险事件或有害暴露的可能性，与随之引发的人身伤害、健康或财产损失的严重性组合。企业风险包含可能影响企业正常生产运作的各类潜在事件，它可导致企业生产经营活动受到不良影响，如企业安全生产、客户服务、业务运作、商业信誉等损害，还可威胁到企业实现经营目标的能力。

安全风险被定义为“某一特定危害事件发生的可能性和后果的组合”。安全风险强调的是损失的不确定性，包括发生与否的不确定、发生时间的不确定和导致结果的不确定等。风险是人们在后果产生之前基于现状、以往的经验等做出的主观判断或推测，因为一旦损失产生那就是事故或者事件，也就不能称之为风险了。

风险管理是指在经营活动中，以系统化的原则，利用管理、政策、程序等方法，对各种风险进行辨识、分析和评估评价，找出降低风险的方法，进行风险控制，争取以最小代价有效控制危害产生的损失。风险管理包括企业对风险的指挥和控制等协调活动。

根据系统、有效的方法，对企业生产经营活动进行风险评估，避免构成危机，保护员工、承建商、客户以及大众的安全，保障企业资产，避免生产经营中断及其他不利影响。通过建立企业风险辨识、分析、控制、监督等程序，推行有效和具有成本效益的风险管理制度，以适当投入最大限度降低企业风险。

三、生产安全事故及隐患

（一）生产安全事故

生产安全事故是指人（个人或集体）或物在为实现某种意图而在生产经营活动中突然发生的，伤害人身安全和健康或者损坏设备设施或者造成经济损失的，导致原生产经营活动暂时中止或永远中止的意外事件。这些事件通常具有突发性、意外性和不可预测性，给人们的生命、财产和环境带来严重威胁和损失。

（二）生产安全事故隐患

生产安全事故隐患简称“安全隐患”，指企业违反安全生产法律法规、规章、标准、规程和安全生产管理制度的规定，或者因其他因素在生产经营活动中存在可能导致事故发生的物的危险状态、人的不安全行为和管理上的缺陷，分为一般事故隐患和重大事故隐患。

安全隐患实质是有危险的、不安全的、有缺陷的“状态”，这种状态可在人或物上表现出来，也可表现在管理的程序、内容或方式上。

四、事故法则

事故法则是安全管理领域总结出的一些规律性结论，用于解释事故发生的原理或指导预防措施。主要有海因里希法则（Heinrich's Law）、事故因果连锁理论（Domino Theory）、瑞士奶酪模型（Swiss Cheese Model）、博帕尔法则（Bhopai Rule）、事故金字塔（Accident Pyramid）、破窗理论（Broken Windows Theory）等。其中，海因里希法则较为经典。海因里希法则是美国著名安全工程师海因里希（Herbert William Heinrich）在1941年通过分析大量的事故数据得出。它揭示了事故发生的频率和严重程度之间的关系，具体可以归纳为以下几点。

（1）事故比率。海因里希发现，在机械事故中，死亡或重伤、轻伤或微伤和无伤害事故的比例大致为1：29：300。这意味着，每发生330起事故，其中会有1起导致死亡或重伤，29起导致轻伤或微伤，而其余300起则没有造成人员伤害。

（2）预防重点。根据海因里希法则，预防灾害的关键在于从根本上防止事故的发生，而不仅仅是防止伤害。也就是说，要防止发生伤亡事故，必须先消除数百起无人员伤害事故。

（3）事故原因。海因里希法则还强调了事故发生的多种原因，包括人的不安全行为、物的不安全状态以及管理上的缺陷等。这些因素可能单独或共同作用，导致事故的发生。

（4）应用领域。事故法则常用于事故调查和风险管理领域。通过对事故原因的分析，可以找出事故发生的规律和趋势，为制定有效的预防措施提供科学依据。

事故法则是一个重要的安全管理原则，它揭示了事故发生的统计规律，强调了预防事故的重要性，并为事故调查和风险管理提供了科学依据。在实际应用中，企业和组织应加强对事故隐患的排查和治理工作，从源头上预防事故的发生。

五、事故的分类

根据不同的标准和方法，安全事故有以下几种常见的分类方式。

1. 按事故伤害程度分类[①]

（1）轻伤事故，指只有轻伤的事故。

（2）重伤事故，指有重伤但没有死亡的事故。

（3）死亡事故，指造成人员死亡的事故。

2. 按事故损失程度分类[②]

（1）特别重大事故，指造成30人以上死亡，或者100人以上重伤（包括急性工业中毒，下同），或者1亿元以上直接经济损失的事故。

（2）重大事故，指造成10人以上30人以下死亡，或者50人以上100人以下重伤，或者5000万元以上1亿元以下直接经济损失的事故。

（3）较大事故，指造成3人以上10人以下死亡，或者10人以上50人以下重伤，或者1000万元以上5000万元以下直接经济损失的事故。

（4）一般事故，指造成3人以下死亡，或者10人以下重伤，或者1000万元以下直接经济损失的事故。

3. 按事故发生原因分类[①]

（1）物体打击事故，指失控物体的惯性力造成的人身伤害事故。

（2）车辆伤害事故，指本企业机动车辆引起的机械伤害事故。

（3）机械伤害事故，指机械设备与工具引起的绞、辗、碰、割戳、切等伤害。

（4）起重伤害事故，指从事起重作业时引起的机械伤害事故。

（5）触电事故，指电流流经人体，造成生理伤害的事故。

（6）淹溺事故，指因大量水经口、鼻进入肺内，造成呼吸道阻塞，发生急性缺氧而窒息死亡的事故。

（7）灼烫事故，指强酸、强碱溅到身体引起的伤害；或因火焰引起的烧伤，高温物体引起的烫伤。

（8）火灾事故，指因各种原因导致火源失控，造成人员伤亡、财产损失或环境破坏的灾害性事件。

（9）高处坠落事故，指人由站立工作面失去平衡，在重力作用下坠落（落

① 《企业职工伤亡事故分类》（GB 6441—86）。

② 《生产安全事故报告和调查处理条例》（中华人民共和国国务院令 第493号）。

下）引起的伤害事故。

（10）坍塌事故，指建筑物、构筑物、堆置物等倒塌以及土石塌方引起的事故。

（11）锅炉爆炸事故，指锅炉发生的物理性爆炸事故。

（12）容器爆炸事故，指压力容器破裂引起的气体爆炸，即物理性爆炸，包括容器内盛装的可燃性液化气在容器破裂后，立即蒸发，与周围的空气混合形成爆炸性气体混合物，遇到火源时产生的化学爆炸，也称容器的二次爆炸。

（13）其他爆炸事故，凡不属于上述爆炸的事故均列为其他爆炸事故。

（14）中毒和窒息事故，指人接触有毒物质，如误吃有毒食物或呼吸有毒气体引起的人体急性中毒事故；或在废弃的坑道、暗井、涵洞、地下管道等不通风的地方工作，因为氧气缺乏，有时会发生突然晕倒，甚至死亡的事故称为窒息事故。

（15）其他伤害事故，凡不属于上述伤害的事故均称为其他伤害，如扭伤、跌伤、冻伤、野兽咬伤、钉子扎伤等。

4. 按行业类别分类

（1）工矿商贸企业生产安全事故，指发生在工矿商贸企业的各类生产安全事故。

（2）交通运输事故，指在公路、铁路、航空、水路等交通运输过程中发生的各类事故。

（3）建筑施工事故，指在建筑工程施工现场发生的各类事故，如坍塌、高处坠落等。

（4）危险化学品事故，指涉及危险化学品的生产、储存、运输和使用过程中发生的事故，如泄漏、爆炸等。

这些事故分类方式，有助于对安全事故进行系统的统计和分析，以便更好地了解事故的分布、原因和趋势，为制定预防措施和应对策略提供依据。同时，不同行业和领域的安全管理部门也可以根据具体情况，采用适合自己行业特点的分类方式进行事故管理。

需要注意的是，安全事故的分类并不是绝对的，有时一个事故可能涉及多个分类标准。因此，在实际应用中，需要综合考虑各种因素，对安全事故进行准确地分析和归类。

六、职业健康

职业健康主要关注劳动者在从事特定职业或工作时，可能面临的各种健康风险，以及如何通过有效的预防和管理措施，来保障和提升劳动者的健康水平。

劳动者在职业活动中可能遭遇急性或慢性身体疾病，还可能涉及心理因素和社会适应等方面的问题。例如，长时间高强度的工作可能导致身体疲劳和损伤，而工作环境中的不良因素（如噪声、振动、有害物质等）也可能对劳动者的健康产生负面影响。同时，职业压力、工作满意度等心理因素也对劳动者的健康状态有重要影响。

为了保障职业健康，需要采取一系列措施，包括改善工作环境、提供必要的防护设备、加强职业卫生教育和培训、建立健康监护制度等。这些措施旨在减少劳动者在职业活动中接触到的健康危害因素，增强劳动者的健康意识和防护能力，从而有效预防和控制职业病的发生。

此外，职业健康还强调劳动者的整体健康状态和生活质量。通过综合施策，不仅关注劳动者在工作场所的健康问题，还关注他们在家庭和社会生活中的健康需求，为劳动者创造一个更加健康、安全、舒适的工作环境和生活条件。

七、全员安全生产责任制

全员安全生产责任制是根据我国的安全生产方针“安全第一、预防为主、综合治理”和安全生产法规建立的各级领导、职能部门、工程技术人员、岗位操作人员在劳动生产过程中对安全生产层层负责的制度。它是企业岗位责任制的一个组成部分，是企业中最基本的一项安全制度，也是企业安全生产、劳动保护管理制度的核心。

安全生产责任制明确了企业在安全生产中的职责和义务，以及各级人员、部门和岗位在安全生产中的具体职责和权利。它要求企业的领导者、各级管理人员、技术人员和操作工人都必须按照职责分工，认真履行自己的安全生产职责，共同确保企业的安全生产。

在实践中，全员安全生产责任制包括企业领导责任、生产经营单位责任、部门责任以及个人责任等多个方面。这些责任的划分和实施有助于明确各级人员在安全生产中的职责，从而有效地预防和控制安全事故的发生。

八、“四不伤害”

“四不伤害”是指在安全生产中遵守的四项基本原则，内容包括不伤害自己、不伤害他人、不被他人伤害、保护他人不受伤害。“四不伤害”原则是一个综合性的安全理念，它涉及个人安全、他人安全以及集体安全等多个方面。通过遵循这一原则，我们可以有效地预防和减少伤害事故的发生，为自己和他人的生命安全保驾护航。

九、危险源

危险源是指具有潜在能量和物质，可能释放危险并导致人员伤亡、财产损失或环境破坏的部位、区域、场所、设备及其位置。在燃气行业中，危险源指的是可能导致燃气泄漏、火灾、爆炸等事故的潜在危险源。这些危险源可能来自不同的方面，包括人的不安全行为、物的不安全状态、环境因素以及管理缺陷等。重大危险源是指长期地或者临时地生产、搬运、使用或者储存危险物品，且危险物品的数量等于或者超过临界量的单元（包括场所和设施）。

十、危险物品

危险物品是指那些因自身特性而具有潜在危险性的物质或物品。这些物品在生产、储存、运输、使用或废弃处理过程中，可能对人体健康、财产安全或环境造成直接的危害。它们包括但不限于易燃易爆物品、危险化学品、放射性物质、剧毒化学品以及感染性物质等。

易燃易爆物品，如汽油、液化石油气等，在一定条件下极易引发火灾或爆炸，对周围环境构成严重威胁。危险化学品，具有毒害、腐蚀、爆炸、燃烧、助燃等性质，对人体、设施、环境具有伤害、损毁等危害。放射性物质，如铀、钚等，能自发地放出射线，长期接触或暴露于此类物质下，可能对人体细胞造成损伤，甚至引发癌症等疾病。剧毒化学品，如氰化钾、汞等，具有极强的毒性，少量接触即可致命。

对于危险物品的管理，必须严格遵守相关法律法规，采取科学有效的措施，确保其从生产到废弃处理的全过程中不对人类和环境造成危害。

十一、危险作业

危险作业也称为高危作业，是指在特定的作业环境下，由于存在潜在的危害因素，如高空、有限空间、高温高压、易燃易爆等，使得作业过程具有一定的危险性和不确定性，可能对作业人员的安全、健康以及设备、设施的正常运行造成威胁。这类作业通常需要经过严格的审批和监管，并采取相应的安全防护措施。

（一）特点

（1）风险性高。危险作业涉及的风险因素多，一旦发生事故，后果往往较为严重。

（2）技术要求高。危险作业过程需要专业的技术和设备支持，以确保作业的安全进行。

（3）管理严格。危险作业必须建立严格的审批和管理制度，从作业设计、作业程序、保护措施到现场管理等方面进行全面监管。

（二）类型

危险作业的类型多样，包括但不限于高处作业、动火作业、有限空间作业、动土作业、吊装作业、临时用电作业、盲板抽堵作业、设备检修作业、爆破作业、深基坑作业以及断路作业等。这些作业类型在各自的领域内都具有较高的风险性，需要特别关注和管理。

十二、特种设备

特种设备是指在生产、运输、储存和使用过程中，具有较高危险性或较强破坏力，可能对人身安全和财产安全造成严重威胁的设备。这些设备通常涉及生命安全，且危险性较大。具体来说，特种设备主要包括以下几类。

（一）压力容器类特种设备

（1）压力管道。压力管道是指利用一定的压力输送气体或液体的管状设备。其范围包括最高工作压力大于或等于 0.1 MPa（表压）的气体、液化气体、蒸汽介质或可燃、易爆、有毒、有腐蚀性、最高工作温度高于或等于标准沸点的液体介质，且公称直径大于 50 mm 的管道。

（2）锅炉。锅炉是指利用各种燃料、电或其他能源，将所盛装的液体加热到一定的参数，并对外输出热能的设备。其范围规定为容积大于或等于 30 L 的承压蒸汽锅炉、出口水压大于或等于 0.1 MPa（表压）且额定功率大于或等于 0.1 MW 后承压热水锅炉和有机热载体锅炉等。

（3）压力容器。压力容器是指盛装气体或液体，承载一定压力的密闭设备。其范围包括最高工作压力大于或等于 0.1 MPa（表压），且压力与容积的乘积大于或等于 2.5 MPa · L 的固定式和移动式容器。

（4）气瓶。特指盛装公称工作压力大于或等于 0.2 MPa（表压），且压力与容积的乘积大于或等于 1.0 MPa · L 的气体、液化气体和标准沸点等于或低于 60 ℃液体的气瓶。

（二）电梯类特种设备

包括电梯、自动扶梯和自动人行道等，这些设备在燃气公司或相关建筑内也可能用于人员或货物的垂直或水平运输。

（三）起重机械类特种设备

包括塔吊、起重机、升降机等，这些设备在燃气工程中可能用于吊装、搬运重物等作业。

需要注意的是，特种设备在投入使用前或投入使用后30日内，特种设备使用单位应当向直辖市或者设区的市特种设备安全监督管理部门登记。此外，特种设备还包括其所用的材料、附属的安全附件、安全保护装置和与安全保护装置相关的设施。

十三、特种作业

特种作业是指容易发生事故，对操作者本人、他人的安全健康及设备、设施的安全可能造成重大危害的作业。这类作业通常具有高度的危险性，需要从业人员具备特殊的专业技能和操作资格。具体来说，燃气行业特种作业包括但不限于以下作业。

（1）电工作业。对电气设备进行运行、维护、安装、检修、改造、施工、调试等作业。

（2）焊接与热切割作业。指运用焊接或者热切割方法对材料进行加工的作业。

（3）高处作业。指专门或经常在坠落高度基准面2米及以上有可能坠落的高处进行的作业。

（4）石油天然气安全作业：石油、天然气勘探开发过程中，负责在钻机司钻操作台、修井机、通井机司钻操作台上进行的相关作业。

（5）危险化学品安全作业：从事危险化工工艺过程操作及化工自动化控制仪表安装、维修、维护的作业。

第二节　安全色与安全标志

安全色和安全标志是员工应掌握的最基础的安全知识，能够指示人们尽快逃离或者指示人们采取正确、有效的措施。

安全标志能够警示工作场所或周围环境的危险状况，提醒人们预防危险，从而避免事故发生；当危险发生时，也能指示人们采取正确、有效、得力的措施，对危害加以遏制。

一、安全色

（一）定义

《安全色》（GB 2893—2008）中，安全色（safety colour）是传递安全信息含义的颜色，包括红、蓝、黄、绿四种颜色。

（二）安全色的分类

（1）红色：传递禁止、停止、危险或提示消防设备、设施的信息。

（2）蓝色：传递必须遵守规定的指令性信息。

（3）黄色：传递注意、警告的信息。

（4）绿色：传递安全的提示性信息。

（三）对比色

对比色是使安全色更加醒目的反衬色，包括黑白两种颜色。安全色与对比色同时使用时，应按国标要求规定搭配使用。

（1）黑色用于安全标志的文字、图形符号和警告标志的几何边框。

（2）白色用于安全标志中红、蓝、绿的背景色，也可用于安全标志的文字和图形符号。

（3）安全色与对比色的相间条纹为等宽条纹，倾斜约45°。

红色与白色相间的条纹表示禁止或提示消防设备、设施位置的安全标记，如图2－1所示。黄色与黑色相间条纹表示危险位置的安全标记，如图2－2所示。蓝色与白色相间条纹表示指令的安全标记，传递必须遵守规定的信息。绿色与白色相间条纹表示安全环境的安全标记。

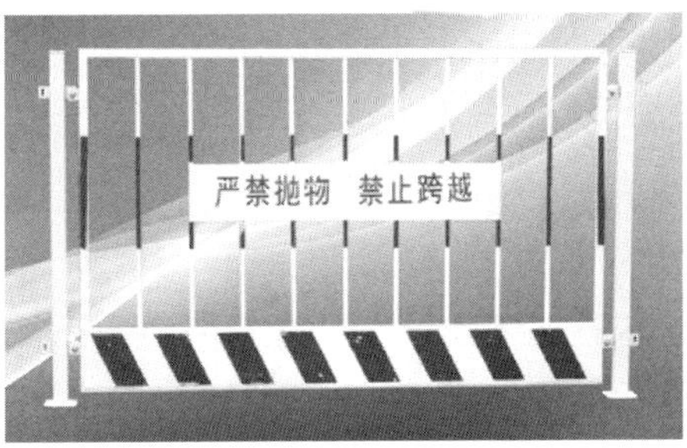

图2－1 安全隔离护栏图

图2－2 道路护栏

二、安全标志

安全标志应能明确表达特定的安全信息，可由图形符号、安全色、几何形状和文字构成。安全标志可分为禁止标志、警告标志、指令标志和提示标志。

（一）禁止标志

禁止标志（prohibition sign）：禁止不安全行为的图形标志，如图 2－3 所示（彩图见附录）。

图 2－3　禁止标志

（二）警告标志

警告标志（warning sign）：提醒人们对周围环境引起注意，以避免可能发生危险的图形标志，采用黄色图形标志，如图 2－4 所示（彩图见附录）。

图 2－4　警告标志

（三）指令标志

指令标志（direction sign）：强制人们必须做出某种动作或采用防范措施的图形标志，采用蓝色图形标志，如图 2－5 所示（彩图见附录）。

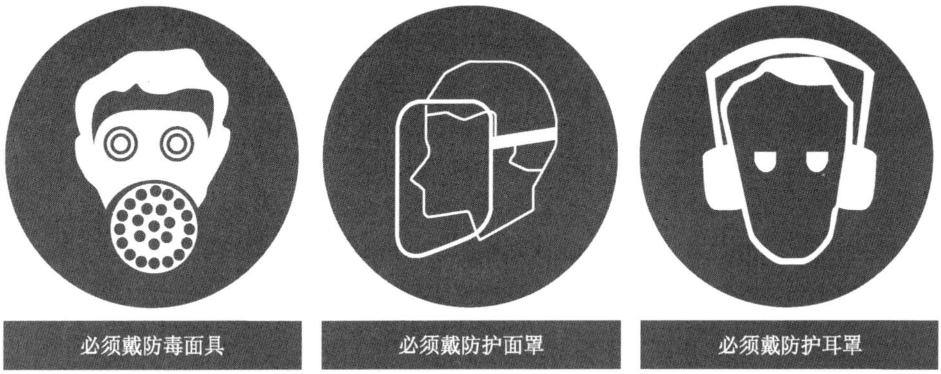

图 2－5　指令标志

（四）提示标志

提示标志（information sign）：向人们提供某种信息（如标明安全设施或场所等）的图形标志，由图形符号、安全色、几何形状（边框）或文字构成，如图 2－6 所示（彩图见附录）。

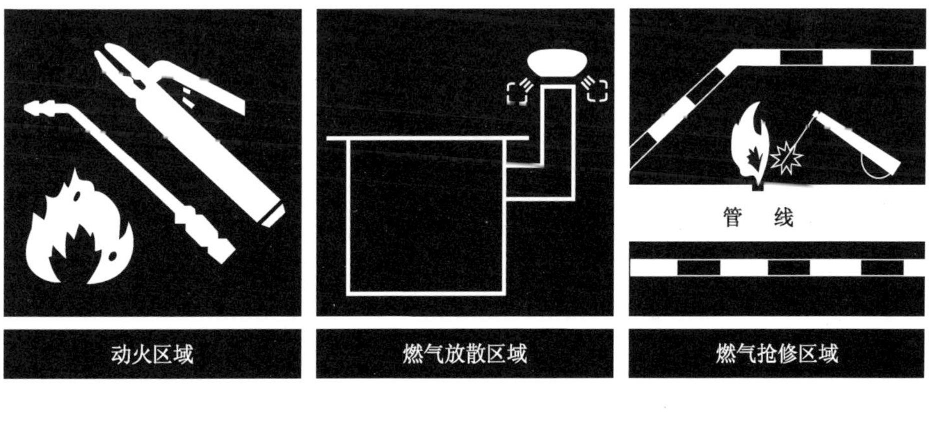

图 2－6　提示标志

三、燃气专用标志

《城镇燃气标志标准》(CJJ/T 153—2010) 是关于城镇燃气图形标志及其制作、使用和维护管理的标准，主要目的是规范城镇燃气图形标志及其制作、使用和维护管理，发挥标志的安全警示、提示作用。城镇燃气标志应由安全色、图形符号及文字构成，具有简洁、易懂、易识别的特性，传达明确而特定的警示信息。

(一) 燃气输配管线标志

燃气输配管线标志应能提示埋地管道的走向及相对位置，可分为地面标志、地上标志和地下标志三种形式。标志上应标注“燃气”字样，还可根据需要选择标注其他说明性文字。

1. 燃气输配管线地面标志

地面标志的基本形状、图形符号和标注文字应符合下列规定。

(1) 地面标志的形状可选用长方形、正方形或圆形。

(2) 当地面标志的底色为安全色时，图形符号、说明文字的颜色应选用与其相对应的对比色。

(3) 地面标志的外形尺寸可根据地面实际情况和周围环境要求确定。

(4) 地面标志的图形符号及含义参见表 2－1。

表 2－1 燃气输配管线地面标志的图形符号及含义表

编号	图形符号 $a=5b$	符号含义
1	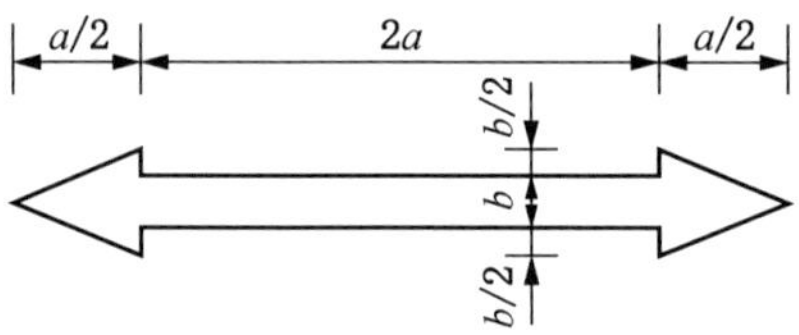	直管道
2	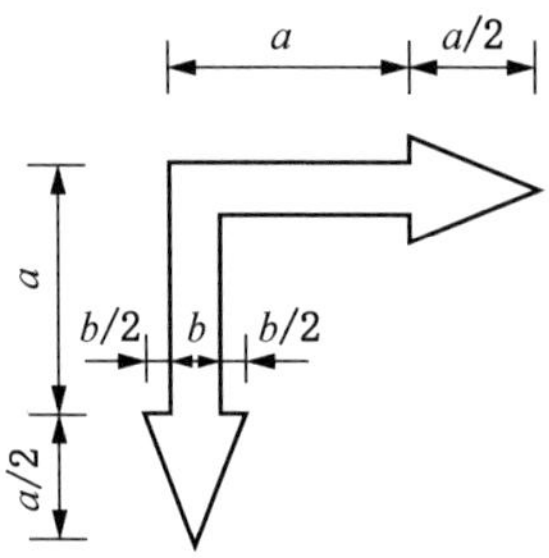	管道直转角

表 2 -1（续）

编号	图形符号 $a=5b$	符号含义
3	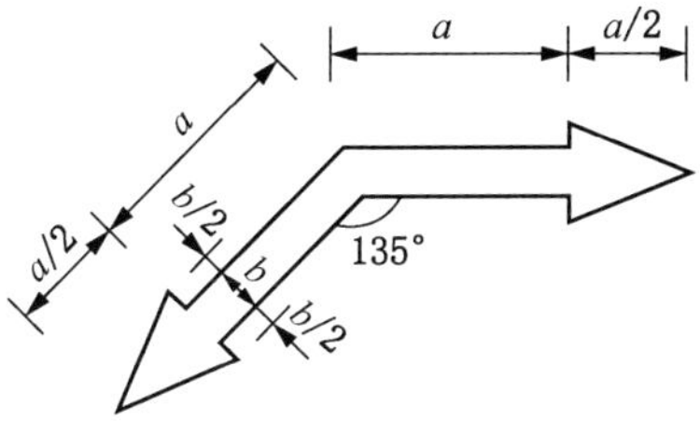	管道任意角度转角
4	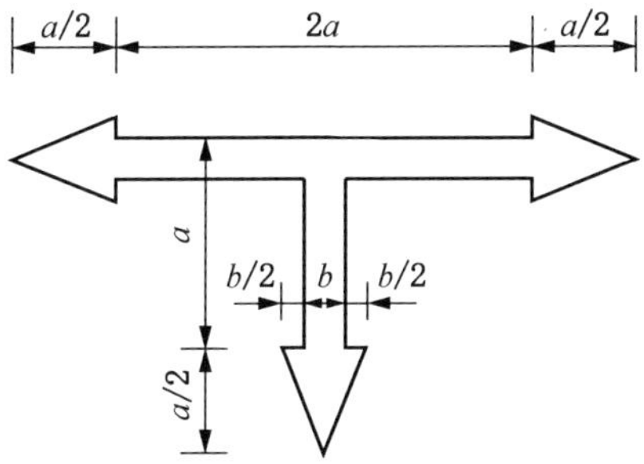	管道三通
5	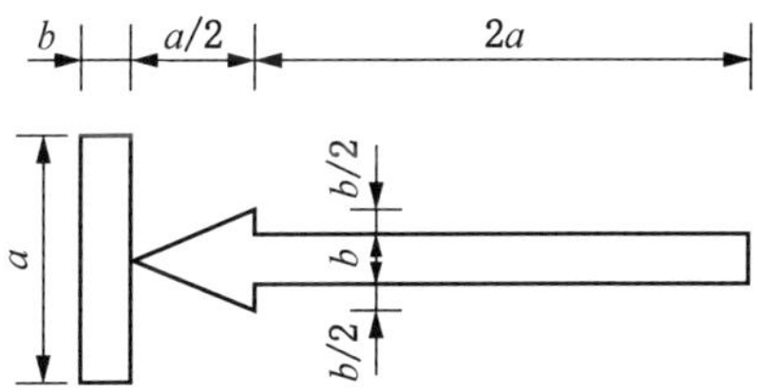	管道末端

燃气输配管线地面标志如图 2 -7 所示。

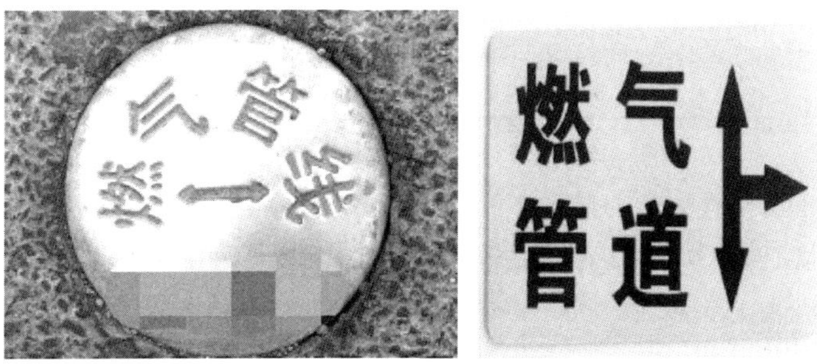

图 2 -7 燃气输配管线地面标志

2. 燃气输配管线地上标志

地上标志应包括在燃气管道沿线设置的里程桩、转角桩、交叉桩和警示牌（桩）等永久性标志，标志桩如图 2－8 所示。地上标志的基本形状、图形符号和标注文字应符合下列规定。

图 2－8　标志桩

（1）地上标志桩的主横断面形状可选用长方形、正方形或三角形。

（2）地上标志桩的基色应为白色，顶部可涂刷不小于 100 mm 逆向反光或自发光材料的安全色区。

（3）地上标志桩的图形符号及含义参见表 2－2。

表 2－2　燃气输配管线地上标志桩的图形符号及含义表

序号	分类	图 形 符 号	符 号 含 义	说明性文字
1	里程桩		管道里程	里程号
2	转角桩	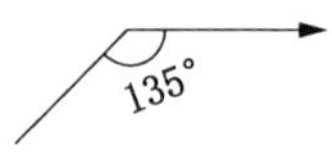	管道水平转角	里程位置 转角角度
3	交叉桩		有市政管线与燃气管道交叉	交叉物名称

3. 燃气输配管线地下标志

地下标志应埋设于管道正上方且应能利用设备对其进行探测，并应符合下列规定。

（1）示踪线（带）、电子标识器宜采用黄色作为基本色，示踪带应配以黑色字体警示语。

（2）警示带（板）应标注企业标志及报警电话（图 2－9）。

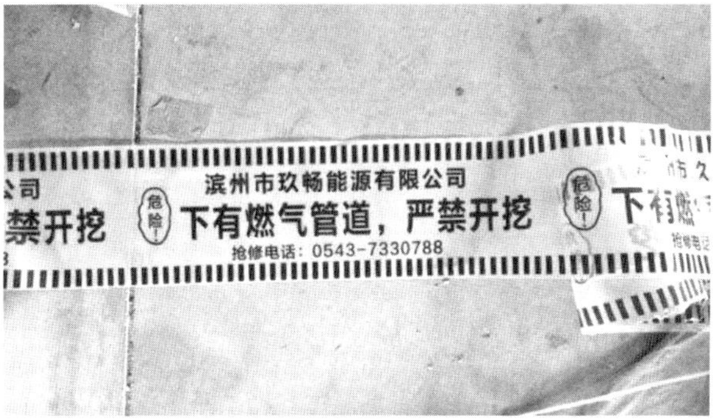

图 2-9 警示带

（二）燃气设施名称标志及厂站内地上工艺管道标志

1. 燃气设施名称标志

燃气设施名称标志的基本形状为正方形、蓝底、白色图形符号，文字辅助标志应为蓝底、白色黑体字，如图 2-10 所示（彩图见附录）。

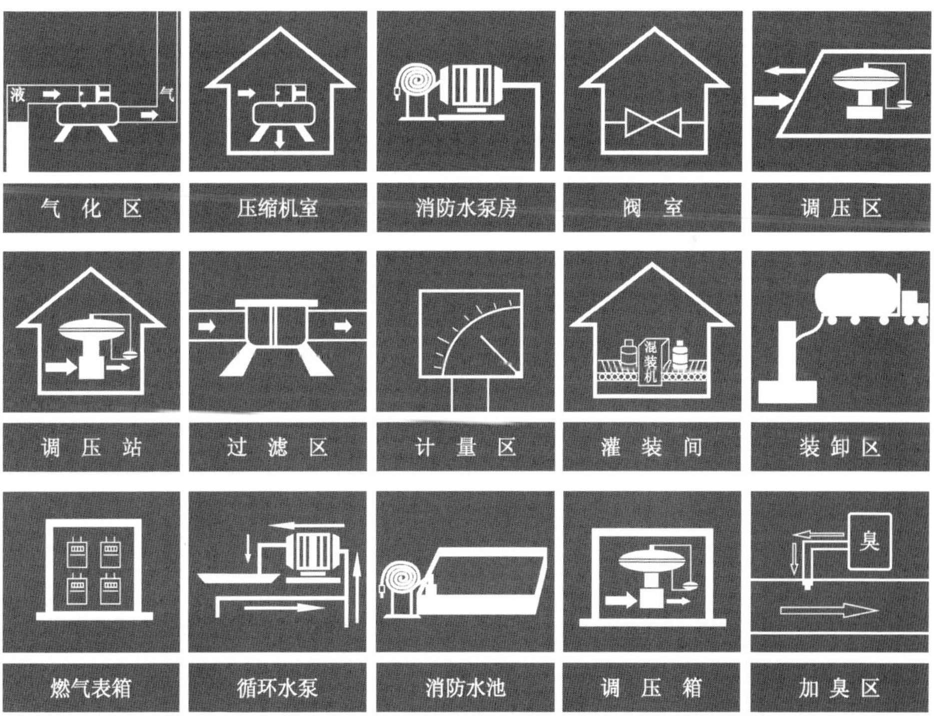

图 2-10 燃气设施名称标志

2. 燃气厂站内地上工艺管道标志

燃气厂站内地上工艺管道宜采用整体涂色、涂刷色环、箭头和标注说明性文字方式进行标志，同时标注其他相关信息，如管道介质、种类、流向、压力级别或介质状态，以便能够更全面地了解管道的情况。

天然气厂站中各个工艺管道的颜色及色号通常遵循相关的工业管道涂装颜色标准，以确保管道的清晰识别和安全管理。工艺管道颜色及色号，见表 2－3（彩表见附录）。

表 2－3　工艺管道整体涂色颜色及色号表

管道名称	颜色名称	颜色示例及编号
人工煤气管道 天然气管道 液化石油气气相管	淡黄色	Y06
液化天然气管道	保温保护壳体本色	—
液化石油气液相管	室内 中灰色	B02
	室外白色	—
残液管道 排污管	黑色	—
压缩空气管道	天酞蓝色	PB09
氮气管道	淡棕色	YR01
安全放散管	紫红	R04

表 2-3（续）

管道名称	颜色名称	颜色示例及编号
消防水管	大红色	R03

注：表中颜色编号引用《漆膜颜色标准》(GB/T 3181—2008)。

燃气厂站内地上工艺管道除整体涂色外，还可按不同压力等级涂刷色环。色环宽度宜为 150 mm，色环设置的位置、数量及间隔距离可根据实际情况确定。色环涂色应符合表 2-4 的规定（彩表见附录）。

表 2-4 色环涂色规定表

压力级别	颜色名称	颜色示例及编号
低压 $P<0.01$	艳绿色	G03
中压 $0.01\leqslant P\leqslant 0.4$	天酞蓝色	PB09
次高压 $0.4<P\leqslant 1.6$	大红色	R03
高压 $1.6<P\leqslant 4.0$	紫色	P02

工艺管道除整体涂色外，还可涂刷标明管道内介质流向的箭头。箭头的涂刷位置、数量及间隔距离可根据实际情况确定。箭头图案的涂色和样式可按表 2-5

的规定执行。工艺管道上还可根据实际需要选择说明性文字，如介质名称、液气相、设计压力、管径等。说明性文字的涂色应与箭头的涂色一致。

表2－5 箭头图案的涂色和样式表

管道涂色	淡黄色	保温保护壳体本色	白色	其他色
箭头涂色	黑色	黑色	天酞蓝色	白色
箭头样式 $a=5b$	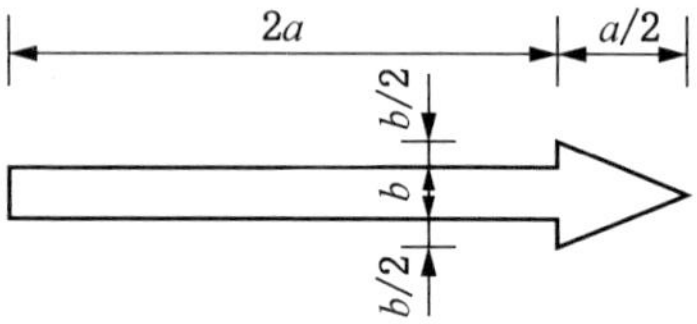			

需要注意的是，《城镇燃气标志标准》（CJJ/T 153—2010）为推荐性行业标准，规定了燃气标志的制作、使用和维护管理的基本原则性要求，各企业在执行过程中还应结合自己的特点将国家和行业标准进一步明确和细化，如图2－11所示。

图2－11 燃气调压橇

四、安全标志使用、维护和管理

（1）标志应设置于适宜的场所，传达的信息应与所在的场所相对应。

（2）设置标志的位置应明显。

（3）在需要强调安全的区域入口处，可将该区域涉及的多个安全标志组合使用，并应按照禁止、警告、指令、提示的顺序，先左后右、先上后下地排列在组合标志牌上，标志牌上可配以必要的说明性文字（图2－12）。

图2－12 安全标志牌

（4）在需要加强燃气管道安全保护的地方、易发生危及燃气管道安全行为的区域应设置临时标志。

（5）当燃气管道穿（跨）越铁路、公路、水域敷设时，应在穿（跨）越两侧醒目处及水域的适当位置设置标志。

第三节 消防与急救基础知识

一、燃烧的本质和条件

（一）燃烧的本质

燃烧本质上是一种放热发光的化学反应。燃烧过程中的化学反应十分复杂，有化合反应，有分解反应。有些复杂物质的燃烧，先是物质受热分解，然后发生氧化反应。

（二）燃烧的条件

任何物质发生燃烧，都有一个由未燃状态转向燃烧状态的过程。这一过程的发生必须具备三个条件，即可燃物、助燃物、着火源。

1. 可燃物

凡是能与空气中的氧或其他氧化剂发生化学反应的物质称可燃物。可燃物按其物理状态分为气体、液体和固体三类。

（1）气体可燃物：凡是在空气中能燃烧的气体都称为可燃气体，亦称气体可燃物。可燃气体能够在空气中持续燃烧，还需要可燃物达到一定的浓度，并被一定的点火能量或较高温度（着火温度）点燃。

（2）液体可燃物：液体可燃物大多数是有机化合物，分子中都含有碳、氢原子，有些还含有氧原子。液体可燃物中有不少是石油化工产品。

（3）固体可燃物：凡遇明火、热源能在空气中燃烧的固体物质称为可燃固体，如木材、纸张、谷物等。在固体物质中，有一些燃点较低、燃烧剧烈的称为易燃固体。

2. 助燃物

能帮助支持可燃物燃烧的物质，即能与可燃物发生反应的物质称为助燃物，包括空气或氧气及其他氧化剂等。

3. 着火源

着火源是指供可燃物与助燃物发生燃烧反应的能量，常见的是热能，其他还有化学能、电能、机械能和核能等转变成的热能。根据着火的能量来源不同，着火源可分为明火、高温物体、化学热能、电热能、机械热能、生物能、光能、核能等多种形式。

（三）燃烧的类型

1. 闪燃

在一定温度下，易燃、可燃液体（包括能蒸发出蒸气的少量固体，如萘、樟脑、石蜡等）表面上产生的蒸气，当与空气混合后，一遇着火源，就会发生一闪即灭的燃烧，这种现象叫作闪燃。易燃与可燃液体表面能够发生闪燃的最低温度称为闪点。

2. 着火

可燃物质与空气氧化剂共存，达到某一温度时与火源接触即发生燃烧，将火源移去后，仍能继续燃烧，直至可燃物燃尽为止。这种持续燃烧的现象叫作着火。可燃物质开始持续燃烧时所需要的最低温度叫燃点。

3. 自燃

自燃是指可燃物质在没有外部火源（如火焰、电火花等）的作用下，由于缓慢的氧化作用或其他化学反应，自身温度升高并达到其燃点而发生的燃烧现象。

（四）燃烧特性

1. 汽化潜热

单位数量的物质由液态变成与之处于平衡状态的蒸气所吸收的热量称为该物质的汽化潜热。反之，由蒸气变成与之处于平衡状态的液体时所放出的热量为该物质的凝结热。同一物质，在同一状态时气化潜热与凝结热是同一数值，其实质为饱和蒸气与饱和液体的焓差。

2. 热值

燃气的热值是标准状态下，1 m^3 或 1 kg 燃气完全燃烧所释放出的热量，也称发热量。

燃气的热值分为高热值和低热值。高热值是指标准状态下，1 m^3 或 1 kg 燃气完全燃烧，所释放出的包括烟气中水蒸气汽化潜热在内的发热量；低热值则是指标准状态下，1 m^3 或 1 kg 燃气完全燃烧所释放出的不包括烟气中水蒸气汽化潜热在内的发热量。

3. 着火温度

燃气开始燃烧时的温度称为着火温度。不同气体的着火温度是不同的。一般可燃气体在空气中的着火温度比在纯氧中的着火温度高 50～100 ℃。

着火温度并不是一个固定的数值，它与可燃气体在空气中的浓度、与空气的混合程度、燃气的压力、燃烧空间的形状及大小等许多因素有关。

4. 爆炸极限

燃气与空气或氧气混合后，当燃气达到一定浓度时，就会形成有爆炸危险的混合气体，一旦遇到点火源就会发生爆炸。在可燃气体和空气的混合物中，可燃气体的含量少到使燃烧不能进行，即不能形成爆炸性混合物时，可燃气体的含量称为该可燃气体的爆炸下限；当可燃气体的含量增加、由于缺氧以至不能形成爆炸性混合物时，可燃气体的含量称为其爆炸上限。可燃气体的爆炸上下限统称为爆炸极限。

实际上，在空气中可燃气体爆炸的影响因素很多，包括燃气与空气的混合是否均匀、点火源的形式及点火能大小等。因此，要避免发生爆炸，应该使空气中的燃气浓度远离爆炸极限。

部分燃气的性质参数见表 2－6。

二、火灾基本常识

火是人类赖以生存和发展的一种自然力，推动了人类的进化和发展。同时，火也具有两重性，一旦失去了控制，超出可控范围，也会给人类带来巨大的灾难。

表2-6　部分燃气的性质参数表

燃气类别		相对密度	低热值/（MJ·m^{-3}）	爆炸极限（空气中体积）/%		理论燃烧温度/℃
				上限	下限	
天然气	纯天然气	0.58	36.4	15	5	1970
	石油伴生气	0.75	43.6	14.2	4.4	1973
	凝析气田气	0.81	48.4	14.2	4.2	1986
人工煤气	焦炉气	0.36	17.6	35.8	4.5	1998
	油制气	0.41	18.5	42.9	4.7	2009
液化石油气（气态）		1.95	120.7	9.7	1.7	2060

火灾事故是现代社会危害较大、发生较频繁的灾害。我国几乎每年都会发生群死群伤的火灾事故。正确认识火灾发生的规律，排查火灾隐患，培养消防安全意识，可以最大限度地防止或减少火灾危害。

（一）防火的基本原理

物质发生燃烧的条件，是必须同时具备可燃物、助燃物、引火源三要素。防火的基本原理是采取措施破坏燃烧条件的形成，或削弱、消除燃烧条件的相互结合、相互作用。防火的基本方法和措施如下。

1. 控制可燃物

控制可燃物的方式有：以难燃或不燃材料代替易燃、可燃材料；涂抹防火材料提升耐火等级；加强通风换气防止可燃性气体、蒸气积聚形成爆炸性混合物；关闭可燃性气体、液体阀门防止泄漏。

2. 隔绝助燃物

隔绝助燃物的方式包括：充装惰性气体保护生产或储运有爆炸危险物品的容器、设备等；密封可燃介质的容器、设备；采用隔绝空气等特殊方法储存某些易燃、易爆危险物品。

3. 控制和消除引火源

控制和消除引火源的措施有：消除和控制明火源；设置火星熄灭装置防止撞击产生火星；防止和控制高温物体；安装避雷装置、接地设施以防止雷击；电暖气、炉火等取暖设施与可燃物之间采取防火隔热措施；需要动火施工的区域与使用、营业区域之间进行防火分隔。

（二）火灾的类型

火灾是指在时间或空间上失去控制的燃烧。《火灾分类》(GB/T 4968—2008)中，根据可燃物的类型和燃烧特性，将火灾分为A、B、C、D、E、F六大类。

(1) A类火灾：指固体物质火灾。这种物质通常具有有机物质性质，一般在燃烧时能产生灼热的余烬，如木材、干草、煤炭、棉、毛、麻、纸张、塑料(燃烧后有灰烬) 等火灾。

(2) B类火灾：指液体或可熔化的固体物质火灾，如煤油、柴油、原油、甲醇、乙醇、沥青、石蜡等火灾。

(3) C类火灾：指气体火灾，如煤气、天然气、甲烷、乙烷、丙烷、氢气等火灾。

(4) D类火灾：指金属火灾，如钾、钠、镁、钛、锆、锂等火灾。

(5) E类火灾：指带电火灾，物体带电燃烧的火灾。

(6) F类火灾：指烹饪器具内的烹饪物（如动植物油脂）火灾。

(三) 常用的灭火方法

火灾扑救的基本原理就是消除助燃物、降低燃烧物温度、中断燃烧链式反应、阻止火势蔓延扩散，不形成新的燃烧条件，从而使火灾熄灭，最大限度减少火灾的危害。

1. 冷却灭火法

冷却灭火法是指将燃烧物的温度降至物质的燃点或闪点以下，使燃烧停止的灭火方法。如直接用水喷射到燃烧物上、向火源附近的未燃烧物不间断地喷水降温、对物体带电燃烧部位喷射二氧化碳灭火剂冷却降温等。

2. 窒息灭火法

窒息灭火法是指通过隔绝空气、消除助燃物，使燃烧区内的可燃物质无法获得足够的氧化剂助燃，从而使燃烧停止的方法。窒息灭火法的主要措施有：一是可以用灭火毯、沙土等不燃或难燃物覆盖燃烧物；二是向着火的空间灌注非助燃气体，如二氧化碳、氮气、水蒸气等；三是向燃烧对象喷洒干粉、泡沫、二氧化碳等灭火剂覆盖燃烧物；四是封闭起火建筑、设备和孔洞等。

3. 隔离灭火法

隔离灭火法是指将正在燃烧的物质与火源周边未燃烧的物质进行隔离或移开，中断可燃物的供给，无法形成新的燃烧条件，阻止火势蔓延扩大，使燃烧停止。采用隔离法灭火的主要措施有：一是将火源周边未着火物质搬移到安全处；二是拆除与火源相连接或毗邻的建（构）筑物；三是迅速关闭流向着火区的可燃液体或可燃气体的管道阀门，切断液体或气体输送来源；四是用沙土等堵截流散的燃烧液体；五是用难燃或不燃物体遮盖受火势威胁的可燃物质等。

4. 化学抑制灭火法

化学抑制灭火法是指将化学灭火剂喷入燃烧区参与燃烧反应，抑制自由基的产生或降低火焰中的自由基浓度，终止燃烧的链式反应，从而使燃烧反应停止的灭火方法。可采取向燃烧物上喷射七氟丙烷灭火剂、六氟丙烷灭火剂或干粉灭火剂，使灭火剂阻断燃烧反应，同时还要采取冷却降温措施，以防复燃。

（四）常用灭火器材及使用方法

火灾的初起阶段，我们可以利用专用的消防器材和简易的灭火工具进行扑救。常见的灭火器材及设施有灭火毯、灭火器、消火栓、消防喷淋、消防水池、消防水泵等。

1. 灭火毯

灭火毯主要采用难燃性纤维织物经特殊工艺处理后加工而成，能很好地阻止燃烧或隔离火源，是扑救初起阶段火灾的灭火器材。

灭火毯的使用方法是在火灾初起阶段，将灭火毯直接覆盖在火源或着火的物体上。使用者也可在火场逃生时将灭火毯披裹在身上并戴上防烟面罩，迅速脱离火场。

2. 灭火器

1）按移动方式分类

按移动方式，灭火器可分为手提式灭火器和推车式灭火器。

（1）手提式灭火器。手提式灭火器是一种轻便、可移动的灭火设备，总重一般不超过 28 kg，容量约为 10 kg。这种灭火器内部装有灭火剂，能在压力作用下将其喷出灭火。使用手提式灭火器时，应提灭火器至着火物附近，拔出保险销，一手握喷嘴，另一只手握住提把，用力压下压把，对准火焰根部喷射。注意操作时人要站立在上风口，不要将灭火器颠倒或横卧。

（2）推车式灭火器。推车式灭火器是一种装有轮子的灭火设备，便于一人推至火场。使用时，通常需要两人操作，一人负责取下喷枪、展开软管并扣住扳机，另一人则负责拔出开启机构的保险销并迅速开启灭火器。这种灭火器通常重于 40 kg。

2）按充装的灭火剂分类

根据充装的灭火剂不同，灭火器可以分为干粉灭火器、水基型灭火器、二氧化碳灭火器和洁净气体灭火器。

（1）干粉灭火器：适宜扑灭油类、可燃气体、电气设备等初期火灾。

（2）水基型灭火器：适宜扑灭易燃固体或液体的初起火灾。

（3）二氧化碳灭火器：适宜扑灭精密仪器、电子设备以及 600 V 以下电器的初起火灾。

(4) 洁净气体灭火器：适宜扑灭易燃和可燃液体、可燃气体、可燃固体及涉及带电设备的初起火灾。

3. 室内消火栓灭火系统

实践证明，室内消火栓系统在火灾扑救过程中发挥着非常重要的作用，是扑救建筑火灾的重要消防设施。

室内消火栓灭火系统的操作使用方法：当有火灾发生时，打开消防栓门，按动火灾报警按钮，由其向消防控制中心发出报警信号，然后拉出水带，拿出水枪，将水带一头与消防栓出口接好，另一头与水枪接好，展（甩）开水带，一人握紧水枪或水喉，另一人开启消防栓闸阀，通过水枪产生的射流将水射向着火点实施灭火。

三、现场急救

当有人遇到意外伤害或发生急病时，在医务人员到达之前，救护人员应尽可能地利用现场的人力、物力，用正确的操作方法为患者提供救助。

(一) 现场急救的目的

在作业现场，生产安全事故造成的伤（病）情往往较为复杂，常见的有急性外伤、急性中毒、窒息、出血、骨折以及心搏骤停、呼吸功能障碍等。伤（病）员往往痛苦异常，甚至有致残致命的危险。在这种情况下，坐等医务人员赶来抢救，往往会耽误抢救时机，造成不可挽回的后果。这时由受过自救互救培训的现场作业人员对伤（病）员实施及时、正确的初步紧急救护，可以维持伤（病）员生命体征，防止伤势恶化，促进身体恢复。

(二) 现场急救的原则

救护者应在确认现场安全和自身安全的前提下，对患者进行救助，迅速判断患者的伤病程度，尽快拨打急救电话寻求帮助，用正确的方法救助患者。

(1) 救护者的自我保护。迅速观察现场，确认环境安全后再进入现场。在条件许可的情况下，救护者应采取必要的防感染措施。

(2) 注意环境安全。救助人员进入事故现场后，首先应该确认现场是否安全。常见的现场潜在危险因素包括火灾余火、带电物体、有毒有害气体等。

(3) 及时、合理地进行抢救。现场如果存在危险因素，在条件允许的情况下，应先将患者送到安全处再进行救治。反对盲目冒险，坚持原地急救，反对不采取任何救护措施盲目搬动患者。

(三) 紧急呼叫救护车

拨打急救电话999或120时，应清楚陈述求援内容，具体包括：现场联络人的电话、姓名，事件发生的地点，事件发生的性质及过程，需要救护的患者人数，以及已采取的救治措施，在确认接听者完全接收到求助信息后方可挂断电话。

（四）现场急救程序

1. 观察现场环境

首先观察环境有无危害救护者和患者的危险因素，不可贸然进入现场。当有危险因素时应设法排除，无法排除时应呼救待援。在确认现场无危险因素后，应迅速检查患者病情。

2. 检查患者反应

在患者耳边大声呼唤，同时轻拍其肩，如没有反应，则判定患者已经丧失意识，应立即呼叫救护车。如患者在交通意外中受伤或由高处坠落受伤，怀疑有脊椎损伤时，切勿随意搬动患者。如患者处于俯卧位，在可能的情况下应将其转为仰卧位，转换体位时应使患者的头、颈、脊柱保持整体移动，以免加重损伤。

3. 开放气道

意识丧失的患者可能因舌后坠而阻塞气道，可以使用仰额抬颌法打开气道。如怀疑患者颈椎损伤，则应用托颌法。

4. 人工呼吸

在10 s内，以听呼吸音、看胸壁起伏、感觉气流的方法检查患者是否仍有自主呼吸。如患者无自主呼吸，应高声呼救或请其他人拨打急救电话，并立即施行人工呼吸。如果患者有自主呼吸，则将患者摆至侧卧体位。

5. 人工循环胸外心脏按压

对患者实行人工呼吸后，立即对患者实行胸外心脏按压。若患者有严重出血的伤口，应立即采取止血措施。

第四节　安全防护用品、装备及检测设备

一、安全防护用品

安全防护用品主要有防静电工作服、安全鞋、安全帽、防护手套等，特殊场景下根据不同的风险还会用到防尘口罩、高可视性警示服（安全反光马甲）、护目镜等。

（一）防静电工作服

防静电工作服是指以防静电织物为面料，按规定的款式和结构制成的以减少服装上静电积聚为目的的防护服。防静电工作服可与防静电工作帽、防静电鞋、防静电手套等配套使用，在巡检、检修等场景下穿戴。防静电工作服如图 2－13 所示。

产品现行标准为《防护服装 防静电服》(GB 12014—2019)。

图 2－13 防静电工作服

(二) 高可视性警示服（安全反光马甲）

高可视性警示服（安全反光马甲）利用荧光材料和反光材料进行特殊设计制作，明亮的颜色能够让作业人员容易被察觉。在夜间作业或可见性较差的环境下需穿着高可视性警示服（安全反光马甲），如图 2－14 所示。

图 2－14 高可视性警示服（安全反光马甲）

产品现行标准为《防护服装 职业用高可视性警示服》(GB 20653—2020)。

(三) 防静电工作鞋

工作鞋是指保护穿着者免受意外事故引起的伤害，具有保护特征和保护工作区域安全的鞋。安全鞋具有保护足趾、防刺穿、防静电、导电、电绝缘、隔热、防寒、防水、踝保护、耐油、耐热接触、防滑等一种或多种功能。

防静电工作鞋能将人体产生的静电导入到大地当

中，确保燃气职工在爆炸危险区域或可能有燃气泄漏的区域工作时避免人体静电产生火花，因此燃气运行人员要在工作期间全程穿着全身防静电工作服、防静电工作鞋或安全鞋。防静电工作鞋如图 2－15 所示。

安全鞋产品现行标准为《足部防护　安全鞋》(GB 21148—2020)。

图 2－15　防静电工作鞋

（四）防护手套

防护手套可以在工作中保护双手，在多数情况下均可佩戴，但在涉及燃气设施密封件操作过程中（如法兰密封垫、密封 O 形圈抹油、安装等），为防止杂物粘入，不可戴手套操作。在操作转动工具设备（如电动套丝机）时，也不允许戴手套。防护手套如图 2－16 所示。

防热伤害手套产品现行标准为《手部防护　防热伤害手套》(GB/T 38306—2019)。

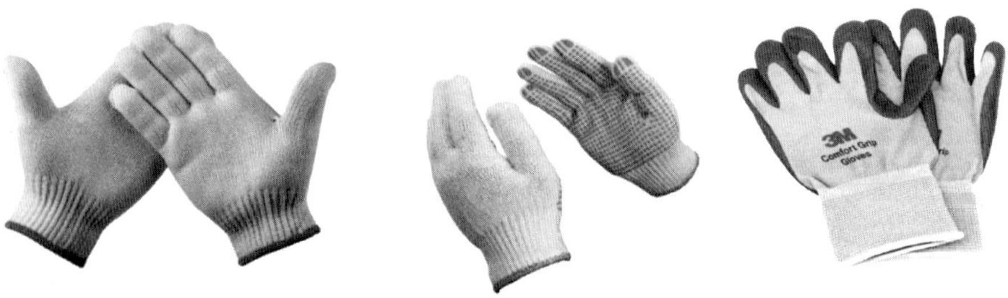

图 2－16　防护手套

（五）安全帽

安全帽是指对人头部受坠物及其他特定因素引起的伤害起防护作用的装备。安全帽还可包含防静电、阻燃、电绝缘、侧向刚性、耐低温等一种或一种以上特殊功能。

在巡检、检修、作业、抢修等场景下佩戴安全帽（图 2－17）。佩戴安全帽之前应检查其完好性和有效期，一定要将安全帽戴正戴牢，系紧下颚带，调节好后箍，以防安全帽脱落。

产品现行标准为《头部防护　安全帽》(GB 2811—2019)。

图 2－17　安全帽

（六）自吸过滤式防颗粒物呼吸器

可防止操作人员因吸入过量的颗粒物对身体造成损伤（图 2－18）。在检修过滤器、加臭剂加注等可吸入颗粒物超标的工作场景下佩戴。

产品现行标准为《呼吸防护自吸过滤式防颗粒物呼吸器》(GB 2626—2019)。

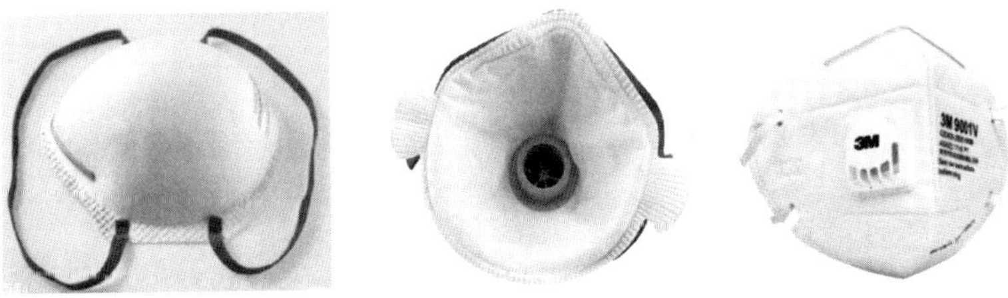

图 2－18　自吸过滤式防颗粒物呼吸器

（七）护目镜

护目镜主要用于避免眼睛被飞溅物品导致的伤害，在检修设备时可佩戴护目镜（图 2－19），在佩戴护目镜前，应该仔细检查护目镜是否有裂纹、破损等情况，确保其完好无损。

现行标准为《眼面防护具通用技术规范》(GB 14866—2023)。

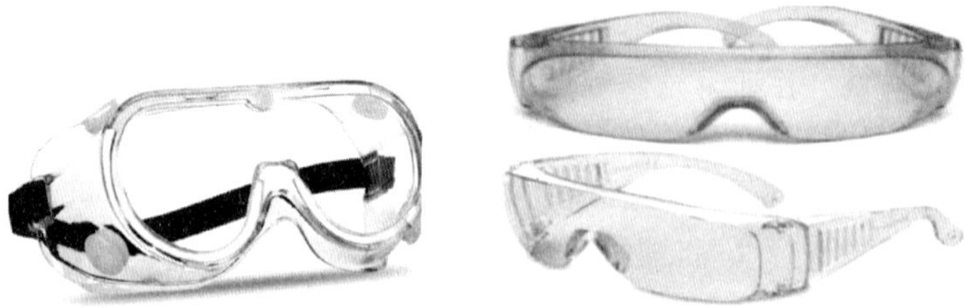

图 2－19　护目镜

注意：劳动防护用品应该在安全的环境中穿脱，在工作期间应全程穿戴，不能在爆炸危险性环境中穿脱。

二、安全防护装备

（一）呼吸器

1. 正压式空气呼吸器

正压式空气呼吸器是一种使用者自带压缩空气源的正压式隔绝式呼吸防护用品。正压式空气呼吸器使用时间受气瓶气压和使用者呼吸量等因素影响，一般供气时间为 40 min 左右，主要用于缺氧或存在有毒有害气体的作业环境内短时间作业使用，如图 2－20 所示。

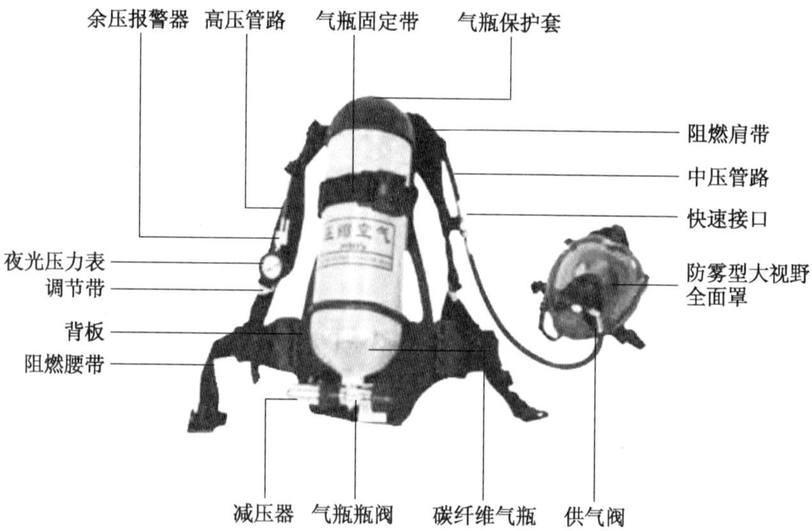

图 2－20　正压式呼吸器

2. 连续送风式长管呼吸器

连续送风式长管呼吸器是长管呼吸器中的一种形式，通过压缩空气等设备为佩戴者提供洁净空气（图 2－21）。连续送风式长管呼吸器是由电动送风机、通气长管和全面罩防毒面具组成。

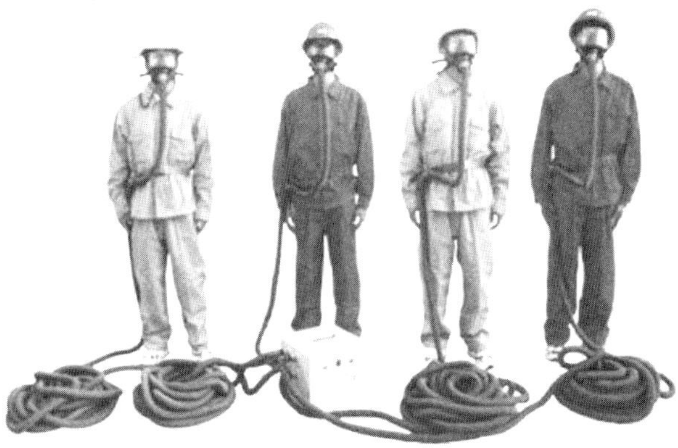

图 2－21 连续送风式长管呼吸器

主要特点：①通过送风机不断地给工作者提供新鲜空气的呼吸器，因此不受工作时间限制；②由于送风机不断地给工作者面部提供空气，所以面部始终保持比大气压高的压力（低压），即使脸部与面罩之间出现气密性不好的地方，也不会出现吸入有害气体的现象，因此，有害气体无法进入面罩内。

3. 正压式隔绝式逃生呼吸器

正压式隔绝式逃生呼吸器（图 2－22）是在出现意外情况时，能帮助作业者自主逃生使用的隔绝式呼吸防护用品，一般供气时间为 15 min 左右。

（二）全身式安全带

在高处作业、攀登及悬吊作业中固定作业人员位置，防止作业人员坠落或发生坠落后将作业人员安全悬挂的个体坠落防护装备。在燃气领域主要用于有限空间操作。

（三）安全绳

安全绳是指在安全带中连接系带与挂点的绳（带、钢丝绳等）。安全绳一般与缓冲器配合使用，起扩大或限制佩戴者活动范围、缓解冲击能量的作用（图 2－23）。

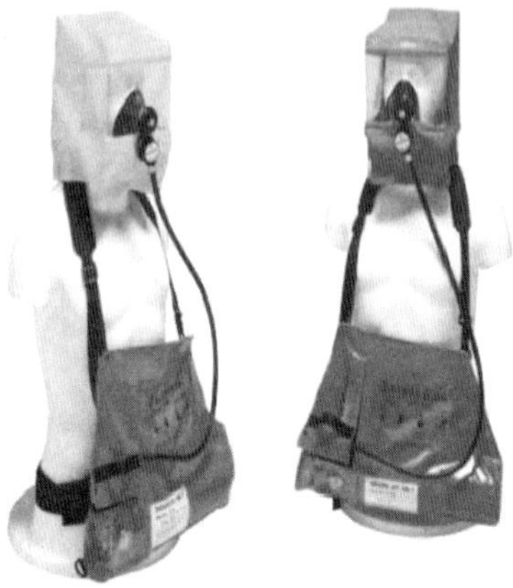

图 2-22　正压式隔绝式逃生呼吸器

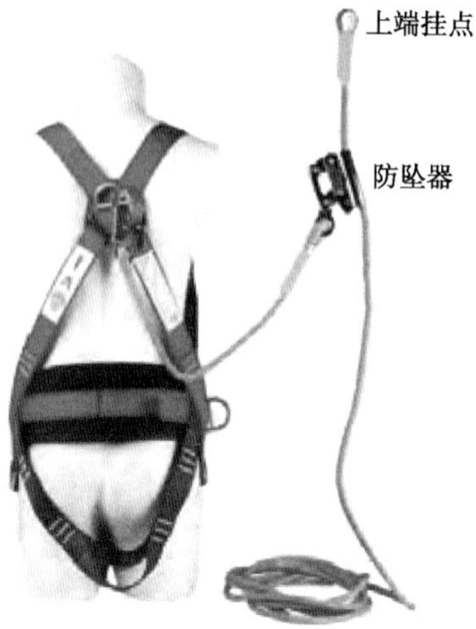

图 2-23　全身式安全带及安全绳

三、检测设备

（一）可燃气体检测仪

1. 分类

可燃气体检测仪主要用于对燃气设备设施进行泄漏检测，可按照气体种类、功能、使用形式和采样方式进行分类。

1）按气体种类分类

（1）天然气（T）检测仪：主要测量对象为甲烷。

（2）液化石油气（Y）检测仪：主要测量对象为丙烷。

（3）人工煤气（R）检测仪：主要测量对象为氢气。

（4）其他气体检测仪：主要测量对象包含硫化氢、一氧化碳、氧气等。

2）按功能分类

（1）检测气体百万分比浓度，表示为 ppm；

（2）检测气体在光路上总量归一化到 1 m 光程的百万分比浓度（简称“百万分比积分浓度”），表示为 ppm · m；

（3）检测气体百分比浓度，表示为% VOL；

（4）检测气体十亿分比浓度，表示为 ppb；

（5）检测气体爆炸下限百分比浓度，表示为% LEL；

（6）检测气体组分百分比，表示为%。

3）按使用形式分类

（1）便携式检测仪：设计制成易于人力携带的小型检测设备。便携式探测器由电池供电，包括手持式检测仪、背包式检测仪、手推车式检测仪等。

（2）车载式检测仪：借助机动车或非机动车对不同区域、地点进行大范围移动检测的中大型检测设备，包括机动车载式检测仪、电动自行车载式检测仪等。

（3）机载式检测仪：借助无人机进行移动检测的检测设备。

4）按采样方式分类

（1）扩散式检测仪：在不吸入气流的条件下，通过分子的不规则运动将气体从环境中输送到传感器。

（2）泵吸式检测仪：通过气体负压泵将气体吸入到传感器。

（3）遥测式检测仪：通过可调谐激光光谱吸收原理实现检测功能，传感器不直接接触气体。

2. 选用

在选用燃气泄漏检测仪时，需要依据功能、使用形式及采样形式三方面综合考虑。燃气管网巡检，需要选用检测气体百万分比浓度（ppm）、百万分比积分浓度（ppm·m）或十亿分比浓度（ppb）的检测设备。由于天然气和沼气的主要成分都是甲烷，所以针对埋地燃气管道还要进行疑似泄漏判定，还需要配置乙烷分析仪器。管廊、管沟、阀门井（室）、调压站（调压箱）以及厂站、抢维修现场等可能存在燃气积聚的场所需要选用防爆型检测仪器。打孔检测、设备维检修、放散置换、切接线等作业现场、应急抢修现场需要选用检测气体百分比浓度（% VOL）和检测爆炸下限百分比浓度（% LEL）的检测设备。选择燃气检测设备时可参照表2-7。

表2-7 选择燃气检测设备的参照表

场 景	燃气设备设施类型	功 能	使 用 形 式
机动车道	埋地管道	检测气体百万分比浓度（ppm）或百万分比积分浓度（ppm·m）或十亿分比浓度（ppb）	机动车载式
机动车辆无法到达，但人员可以进入的区域			便携式、电动自行车载式、手推车式
野外、山区等地形复杂的区域			无人机载式

表2-7（续）

场景	燃气设备设施类型	功能	使用形式
门站、储配站、调压站（调压箱）、阀门井（室）	工艺管道、设备设施	检测气体百分比浓度（% VOL）或检测爆炸下限百分比浓度（% LEL）	便携式
管廊等人员能够到达的区域	架空管道	检测气体百分比浓度（% VOL）或检测爆炸下限百分比浓度（% LEL）	便携式
人员无法进入的区域		检测气体百万分比积分浓度（ppm·m）	便携式（遥测）
检测孔	—	检测气体百分比浓度（% VOL）或检测爆炸下限百分比浓度（% LEL）	便携式
设备维检修、放散置换、切接线等作业现场	—		
应急抢修现场	—		

3. 使用注意事项

泄漏检测人员应经过燃气泄漏检测方法、检测仪器测量原理、操作规程及注意事项的培训，具备分析检测环境、合理规划巡检路线及泄漏现场处置的相关知识和技能。

4. 使用前检查

在使用前应检查燃气泄漏检测设备，具体包括以下内容。

（1）检查仪器功能是否有效，检测是否准确。

（2）外接设备（探头等）安装牢靠。

（3）外观清洁、完好。

（4）电池达到额定电压且供电正常。

（5）按照设备要求进行自检，机械或电子设备应校准零点。

（6）在使用环境、检测对象发生变化或出现异常情况时需进行功能响应，示值应准确、功能应可靠。

（7）泵吸式检测设备的采样系统应通畅，过滤器不能有堵塞，取样管不能有泄漏。

（8）检查阻火系统状态，阻火系统不应受到阻塞或污染。

5. 维护保养

（1）在泄漏检测完成后还需对检测仪器进行以下操作：①泵吸设备应在无污

染区域放空检测设备内的剩余气体，显示数据归零后关机；②关闭设备所有电源，拆下外接设备，放置于专用仪器箱内妥善保存；③检查设备，外观应清洁、完好，损坏的应及时进行维修；④不应使用硬物或带腐蚀性的溶剂清洁设备表面。

（2）泄漏检测仪器还需要定期进行维护，主要有以下内容：①应定期更换过滤装置滤棉，当泵流量降低时应立即更换；②应定期更换校准气瓶；③检测设备出现传感器未标定的信息时，应进行传感器更换或标定；④传感器到达使用寿命时应及时更换。

（二）压力计

1. U 型压力计

U 型压力计（图 2－24）用于检测低压管道燃气压力，是根据流体静力学原理将压力信号转变为液柱高度信号，常使用水作为测压介质，俗称“水柱表”。使用前应确保 U 型管无破裂，乳胶管无破损，注水量宜与零刻度线齐平。U 型压力计应垂直放置，U 型管一端用乳胶管与被测管道相连，另一端开口通大气。读数时视线应与液面平齐，读数应以凹液面底端切线为准，两液面读数之差为被测管道燃气压力。注意：若整体液柱远离被测管道端，则读数为正值；若整体液柱靠近被测管道端，则读数为负值。

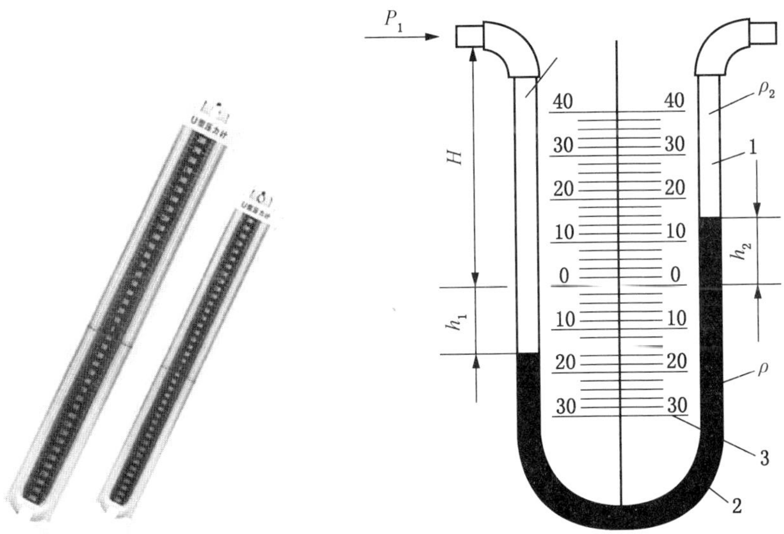

1—U 型玻璃管；2—工作液；3—刻度尺

图 2－24 U 型压力计及读数

读取方法如下。

（1）连接压力源：将U型管的两端分别连接到需要测量的两个压力点（如图2－24中的 P_1 和 P_2）。

（2）观察液面高度差：观察U型管两侧液面的高度差。液面高度差越大，表示两端的压力差越大。

（3）读取刻度：使用刻度尺测量U型管两侧液面的高度差。高度差 h 可以通过测量 h_1 和 h_2 来计算，即 $h = h_2 - h_1$。

（4）计算压力差：根据液体的密度和重力加速度，可以将高度差转换为压力差。公式为

$$\Delta P = \rho g h$$

式中　ΔP——压力差；

ρ——工作液的密度；

g——重力加速度（约为9.81 m/s²）；

h——液面高度差。

2. 电子压力计

电子压力计（图2－25）用于检测中低压管道燃气压力，是将压力信号转变为数字信号的测压设备；电子压力计使用前应确保电池电量充足，且应在检验有效期内。

（三）氧气检测仪

氧气检测仪（图2－26）是用来检测空气中氧气浓度的仪器。在进行有限空间、特殊场所的检修、作业前，应使用氧气检测仪检测环境中氧气浓度，确定安全后方可进入环境进行操作。

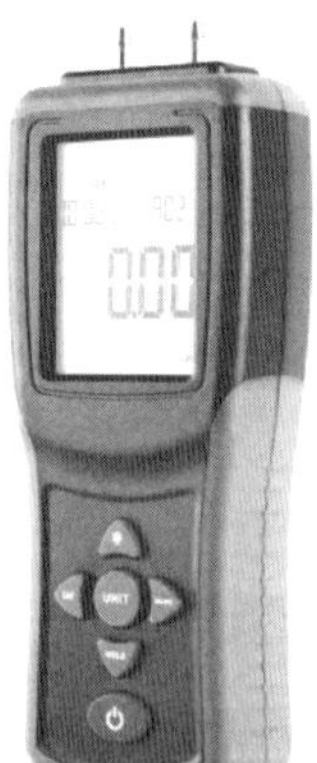

图2－25　电子压力计

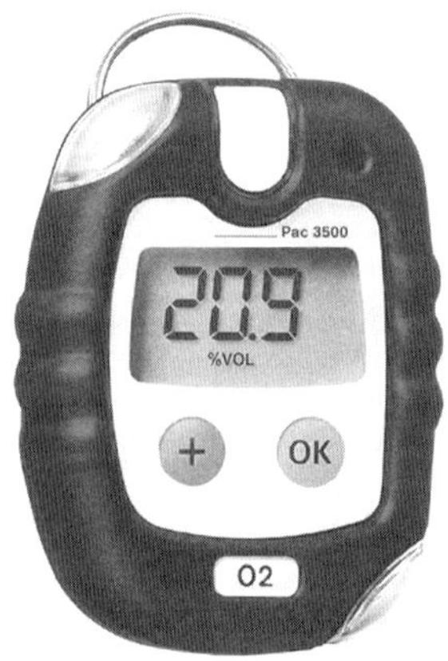

图2－26　氧气检测仪

第三章　安全生产法律法规及标准规范

第一节　法　律　法　规

城镇燃气领域涉及的主要法律法规有：《中华人民共和国安全生产法》《中华人民共和国消防法》《中华人民共和国突发事件应对法》《城镇燃气管理条例》。

一、《中华人民共和国安全生产法》

《中华人民共和国安全生产法》于2002年6月29日第九届全国人民代表大会常务委员会第二十八次会议通过，2002年11月1日起实施；最新一次修订于2021年6月10日，中华人民共和国第十三届全国人民代表大会常务委员会第二十九次会议通过《全国人民代表大会常务委员会关于修改〈中华人民共和国安全生产法〉的决定》，自2021年9月1日起施行。《中华人民共和国安全生产法》包括总则、生产经营单位的安全生产保障、从业人员的安全生产权利义务、安全生产的监督管理、生产安全事故的应急救援与调查处理、法律责任及附则共七章一百一十九条。

《中华人民共和国安全生产法》是安全生产的综合性法律。根据《中华人民共和国安全生产法》，安全生产要树立以人为本、安全发展的理念，创新安全管理模式，落实企业主体责任，提升监管执法和应急处理能力；要坚持预防为主、标本兼治，健全各项制度，严格安全生产责任，消除安全隐患，保障人民群众的生命安全。

（一）立法目的

《中华人民共和国安全生产法》立法的目的：加强安全生产工作，防止和减少生产安全事故，保障人民群众生命和财产安全，促进经济社会持续健康发展。

1. 加强安全生产工作

《中华人民共和国安全生产法》明确了国务院以及地方人民政府、政府各工作部门安全生产监督管理的职责和职能；对各生产经营单位所必须具备的安全生产条件、主要负责人的安全生产职责、特种作业人员的资质、安全投入、安全建设工程和安全设施、从业人员的人身保障等安全生产保障措施和安全生产违法行为应负的法律责任，作出了严格、明确的规定；明确了生产经营单位、企业负责人的权利、义务和责任；明确了工会、村民委员会、从业人员和新闻机构对安全生产工作的监督职责，形成了全社会广泛参与安全生产监督管理的工作格局；明确了为安全生产服务的有关中介机构的职责、权利、义务和责任。

2. 防止和减少生产安全事故

生产安全事故不仅会造成人的生命和生产经营单位的财产损失，还可能造成生产经营活动暂时或永久停止，健全社会主义法治，加强安全生产监督，能够有效防止和减少生产安全事故。

3. 保障人民群众生命和财产安全

人既是各类生产经营活动的主体，又是生产安全事故的受害者或责任者。贯彻以人为本的原则，要求各级政府特别是各类生产经营单位的领导人和负责人，必须以对人民群众高度负责的精神和强烈的责任感，重视人的价值，关注安全，关爱生命。

4. 促进经济社会持续健康发展

安全生产管理不仅要保障人民的生命财产安全，而且要保障生产持续、稳定、健康、有序运行，从而促进经济发展。

5. 惩罚安全生产违法行为

《中华人民共和国安全生产法》没有直接指出打击安全生产违法行为是其立法的目的之一，但从法律的功能上讲，公平和公正是法律制定的基本原则，要保障守法者的利益，就要打击违法。因此，打击安全生产违法行为理所当然是其立法的目的之一。

（二）安全生产工作方针

《中华人民共和国安全生产法》进一步明确了安全生产的重要地位、主体任务和实现安全生产的根本途径，提出安全生产的工作方针是“安全第一、预防为主、综合治理”。将“综合治理”补充规定为安全生产的工作方针之一，是对我国安全生产工作实践经验的总结，也是对安全生产工作规律认识的不断深化。安全生产是一项系统工程，需要多方面统筹协调、齐抓共管，综合施策、标本兼治，运用法律、经济、行政、技术、管理等手段，充分调动全社会的力量，群防群治，才能达到预期目标。

（三）从业人员的八项权利

《中华人民共和国安全生产法》明确的从业人员的八项权利：①知情权，即有权了解其作业场所和工作岗位存在的危险因素、防范措施和事故应急措施；

②建议权，即有权对本单位的安全生产工作提出建议；③批评权、检举权、控告权，即有权对本单位安全生产管理工作中存在的问题提出批评、检举、控告；④拒绝权，即有权拒绝违章作业指挥和强令冒险作业；⑤紧急避险权，即发现直接危及人身安全的紧急情况时，有权停止作业或者在采取可能的应急措施后撤离作业场所；⑥依法向本单位提出获得与所遭受的生产安全事故有关的赔偿的权利；⑦获得符合国家标准或者行业标准劳动防护用品的权利：⑧获得安全生产教育和培训的权利。

（四）从业人员的三项义务

《中华人民共和国安全生产法》明确了从业人员的三项义务：①自律遵规的义务，即从业人员在作业过程中，应当遵守本单位的安全生产规章制度和操作规程，服从管理，正确佩戴和使用劳动防护用品；②自觉学习安全生产知识的义务，掌握本职工作所需的安全生产知识，提高安全生产技能，增强事故预防和应急处理能力；③危险报告义务，即发现事故隐患或者其他不安全因素时，应当立即向现场安全生产管理人员或者本单位负责人报告。

（五）相关条文

第九十六条　生产经营单位的其他负责人和安全生产管理人员未履行本法规定的安全生产管理职责的，责令限期改正，处一万元以上三万元以下的罚款；导致发生生产安全事故的，暂停或者吊销其与安全生产有关的资格，并处上一年年收入百分之二十以上百分之五十以下的罚款；构成犯罪的，依照刑法有关规定追究刑事责任。

第九十七条　生产经营单位有下列行为之一的，责令限期改正，处十万元以下的罚款；逾期未改正的，责令停产停业整顿，并处十万元以上二十万元以下的罚款，对其直接负责的主管人员和其他直接责任人员处二万元以上五万元以下的罚款：

（一）未按照规定设置安全生产管理机构或者配备安全生产管理人员、注册安全工程师的；

（二）危险物品的生产、经营、储存、装卸单位以及矿山、金属冶炼、建筑施工、运输单位的主要负责人和安全生产管理人员未按照规定经考核合格的；

（三）未按照规定对从业人员、被派遣劳动者、实习学生进行安全生产教育和培训，或者未按照规定如实告知有关的安全生产事项的；

（四）未如实记录安全生产教育和培训情况的；

（五）未将事故隐患排查治理情况如实记录或者未向从业人员通报的；

（六）未按照规定制定生产安全事故应急救援预案或者未定期组织演练的；

（七）特种作业人员未按照规定经专门的安全作业培训并取得相应资格，上岗作业的。

第一百零一条 生产经营单位有下列行为之一的，责令限期改正，处十万元以下的罚款；逾期未改正的，责令停产停业整顿，并处十万元以上二十万元以下的罚款，对其直接负责的主管人员和其他直接责任人员处二万元以上五万元以下的罚款；构成犯罪的，依照刑法有关规定追究刑事责任：

（一）生产、经营、运输、储存、使用危险物品或者处置废弃危险物品，未建立专门安全管理制度、未采取可靠的安全措施的；

（二）对重大危险源未登记建档，未进行定期检测、评估、监控，未制定应急预案，或者未告知应急措施的；

（三）进行爆破、吊装、动火、临时用电以及国务院应急管理部门会同国务院有关部门规定的其他危险作业，未安排专门人员进行现场安全管理的；

（四）未建立安全风险分级管控制度或者未按照安全风险分级采取相应管控措施的；

（五）未建立事故隐患排查治理制度，或者重大事故隐患排查治理情况未按照规定报告的。

第一百零七条 生产经营单位的从业人员不落实岗位安全责任，不服从管理，违反安全生产规章制度或者操作规程的，由生产经营单位给予批评教育，依照有关规章制度给予处分；构成犯罪的，依照刑法有关规定追究刑事责任。

二、《中华人民共和国消防法》

《中华人民共和国消防法》于1998年4月29日第九届全国人民代表大会常务委员会第二次会议通过；2008年10月28日第十一届全国人民代表大会常务委员会第五次会议修订，2008年10月28日中华人民共和国主席令第六号公布，自2009年5月1日起施行；根据2019年4月23日第十三届全国人民代表大会常务委员会第十次会议《全国人民代表大会常务委员会关于修改〈中华人民共和国建筑法〉等八部法律的决定》第一次修正；根据2021年4月29日第十三届全国人民代表大会常务委员会第二十八次会议《全国人民代表大会常务委员会关于修改〈中华人民共和国道路交通安全法〉等八部法律的决定》第二次修正。《中华人民共和国消防法》包括总则、火灾预防、消防组织、灭火救援、监督检查、法律责任及附则共七章七十四条。

（一）立法目的

预防火灾和减少火灾危害，加强应急救援工作，保护人身、财产安全，维护公共安全。

（二）相关条款

第四条　国务院应急管理部门对全国的消防工作实施监督管理。县级以上地方人民政府应急管理部门对本行政区域内的消防工作实施监督管理，并由本级人民政府消防救援机构负责实施。军事设施的消防工作，由其主管单位监督管理，消防救援机构协助；矿井地下部分、核电厂、海上石油天然气设施的消防工作，由其主管单位监督管理。

县级以上人民政府其他有关部门在各自的职责范围内，依照本法和其他相关法律法规的规定做好消防工作。法律、行政法规对森林、草原的消防工作另有规定的，从其规定。

第二十二条　生产、储存、装卸易燃易爆危险品的工厂、仓库和专用车站、码头的设置，应当符合消防技术标准。易燃易爆气体和液体的充装站、供应站、调压站，应当设置在符合消防安全要求的位置，并符合防火防爆要求。

已经设置的生产、储存、装卸易燃易爆危险品的工厂、仓库和专用车站、码头，易燃易爆气体和液体的充装站、供应站、调压站，不再符合前款规定的，地方人民政府应当组织、协调有关部门、单位限期解决，消除安全隐患。

第二十三条　生产、储存、运输、销售、使用、销毁易燃易爆危险品，必须执行消防技术标准和管理规定。

进入生产、储存易燃易爆危险品的场所，必须执行消防安全规定。禁止非法携带易燃易爆危险品进入公共场所或者乘坐公共交通工具。

储存可燃物资仓库的管理，必须执行消防技术标准和管理规定。

第二十七条　电器产品、燃气用具的产品标准，应当符合消防安全的要求。

电器产品、燃气用具的安装、使用及其线路、管路的设计、敷设、维护保养、检测，必须符合消防技术标准和管理规定。

第三十三条　国家鼓励、引导公众聚集场所和生产、储存、运输、销售易燃易爆危险品的企业投保火灾公众责任保险；鼓励保险公司承保火灾公众责任保险。

第三十九条　下列单位应当建立单位专职消防队，承担本单位的火灾扑救工作：

（一）大型核设施单位、大型发电厂、民用机场、主要港口；

（二）生产、储存易燃易爆危险品的大型企业；

（三）储备可燃的重要物资的大型仓库、基地；

（四）第一项、第二项、第三项规定以外的火灾危险性较大、距离国家综合性消防救援队较远的其他大型企业；

（五）距离国家综合性消防救援队较远、被列为全国重点文物保护单位的古建筑群的管理单位。

第四十五条 消防救援机构统一组织和指挥火灾现场扑救，应当优先保障遇险人员的生命安全。

火灾现场总指挥根据扑救火灾的需要，有权决定下列事项：

（一）使用各种水源；

（二）截断电力、可燃气体和可燃液体的输送，限制用火用电；

（三）划定警戒区，实行局部交通管制；

（四）利用邻近建筑物和有关设施；

（五）为了抢救人员和重要物资，防止火势蔓延，拆除或者破损毗邻火灾现场的建筑物、构筑物或者设施等；

（六）调动供水、供电、供气、通信、医疗救护、交通运输、环境保护等有关单位协助灭火救援。

根据扑救火灾的紧急需要，有关地方人民政府应当组织人员、调集所需物资支援灭火。

第六十一条 生产、储存、经营易燃易爆危险品的场所与居住场所设置在同一建筑物内，或者未与居住场所保持安全距离的，责令停产停业，并处五千元以上五万元以下罚款。

生产、储存、经营其他物品的场所与居住场所设置在同一建筑物内，不符合消防技术标准的，依照前款规定处罚。

第六十二条 有下列行为之一的，依照《中华人民共和国治安管理处罚法》的规定处罚：

（一）违反有关消防技术标准和管理规定生产、储存、运输、销售、使用、销毁易燃易爆危险品的；

（二）非法携带易燃易爆危险品进入公共场所或者乘坐公共交通工具的；

（三）谎报火警的；

（四）阻碍消防车、消防艇执行任务的；

（五）阻碍消防救援机构的工作人员依法执行职务的。

第六十三条 违反本法规定，有下列行为之一的，处警告或者五百元以下罚款；情节严重的，处五日以下拘留：

（一）违反消防安全规定进入生产、储存易燃易爆危险品场所的；

（二）违反规定使用明火作业或者在具有火灾、爆炸危险的场所吸烟、使用明火的。

第六十六条　电器产品、燃气用具的安装、使用及其线路、管路的设计、敷设、维护保养、检测不符合消防技术标准和管理规定的，责令限期改正；逾期不改正的，责令停止使用，可以并处一千元以上五千元以下罚款。

三、《中华人民共和国突发事件应对法》

《中华人民共和国突发事件应对法》于2007年8月30日第十届全国人民代表大会常务委员会第二十九次会议通过，于2024年6月28日第十四届全国人民代表大会常务委员会第十次会议修订通过，自2024年11月1日起施行。本法包括总则、管理与指挥体制、预防与应急准备、监测与预警、应急处置与救援、事后恢复与重建、法律责任及附则共八章一百零六条。

（一）立法目的

《中华人民共和国突发事件应对法》立法目的：预防和减少突发事件的发生，控制、减轻和消除突发事件引起的严重社会危害，提高突发事件预防和应对能力，规范突发事件应对活动，保护人民生命财产安全，维护国家安全、公共安全、生态环境安全和社会秩序。

（二）突发事件应对原则

1. 用九条“高压线”约束政府履行职责

《中华人民共和国突发事件应对法》规定，地方各级政府和县级以上各级人民政府有关部门违反本法规定，不履行法定职责的，对直接负责的主管人员和其他直接责任人员依法给予处分：①未按规定采取预防措施，导致发生突发事件，或者未采取必要的防范措施导致发生次生、衍生事件的；②迟报、谎报、瞒报、漏报或者授意他人迟报、谎报、瞒报以及阻碍他人报告有关突发事件的信息，或者通报、报送、公布虚假信息，造成后果的；③未按规定及时发布突发事件警报、采取预警期的措施，导致损害发生的；④未按规定及时采取措施处置突发事件或者处置不当，造成后果的；⑤违反法律规定采取应对措施，侵犯公民生命健康权益的；⑥不服从上级人民政府对突发事件应急处置工作的统一领导、指挥和协调的；⑦未及时组织开展生产自救、恢复重建等善后工作的；⑧截留、挪用、私分或者变相私分应急救援资金、物资的；⑨不及时归还征用的单位和个人的财产，或者对被征用财产的单位和个人不按规定给予补偿的。

2. 最大限度保护公民权益

《中华人民共和国突发事件应对法》明确以下规定。

突发事件应对措施应当与突发事件可能造成的社会危害的性质、程度和范围相适应；有多种措施可供选择的，应当选择有利于最大程度地保护公民、法人和其他组织权益，且对他人权益损害和生态环境影响较小的措施，并根据情况变化及时调整，做到科学、精准、有效。

国家在突发事件应对工作中，应当对未成年人、老年人、残疾人、孕产期和哺乳期的妇女、需要及时就医的伤病人员等群体给予特殊、优先保护。县级以上人民政府及其他部门为应对突发事件的紧急需要，可以征用单位和个人的设备、设施、场地、交通工具等财产。被征用的财产在使用完毕或者突发事件应急处置工作结束后，应当及时返还。财产被征用或者征用后毁损、灭失的，应当给予公平、合理的补偿。

3. 及时、客观、真实逐级上报突发事件信息

《中华人民共和国突发事件应对法》规定，有关单位和人员报送、报告突发事件信息，应当做到及时、客观、真实，不得迟报、谎报、瞒报、漏报，不得授意他人迟报、谎报、瞒报，不得阻碍他人报告。

地方各级人民政府应当按照国家有关规定向上级人民政府报送突发事件信息。县级以上人民政府有关主管部门应当向本级人民政府相关部门通报突发事件信息，并报告上级人民政府主管部门。专业机构、监测网点和信息报告员应当及时向所在地人民政府及其有关主管部门报告突发事件信息。

（三）突发事件分类分级

1. 突发事件的分类

《中华人民共和国突发事件应对法》中把突发事件划分为自然灾害、事故灾难、公共卫生事件和社会安全事件四大类。

2. 突发事件的分级

《中华人民共和国突发事件应对法》规定，按照社会危害程度、影响范围等因素，突发自然灾害、事故灾难、公共卫生事件分为特别重大、重大、较大和一般四级。

（四）突发事件处置方式

《中华人民共和国突发事件应对法》规定，国家建立统一指挥、专常兼备、反应灵敏、上下联动的应急管理体制和综合协调、分类管理、分级负责、属地管理为主的工作体系。

突发事件发生后，履行统一领导职责或者组织处置突发事件的人民政府应当针对其性质、特点、危害程度和影响范围等，立即启动应急响应，组织有关部门，调动应急救援队伍和社会力量，依照法律法规、规章和应急预案的规定，采取应急处置措施，并向上级人民政府报告；必要时，可以设立现场指挥部，负责

现场应急处置与救援，统一指挥进入突发事件现场的单位和个人。

启动应急响应，应当明确响应事项、级别、预计期限、应急处置措施等。

履行统一领导职责或者组织处置突发事件的人民政府，应当建立协调机制，提供需求信息，引导志愿服务组织和志愿者等社会力量及时有序参与应急处置与救援工作。

（五）相关条文

第九十六条　有关单位有下列情形之一的，由所在地履行统一领导职责的人民政府有关部门责令停产停业，暂扣或者吊销许可证件，并处五万元以上二十万元以下的罚款；情节特别严重的，并处二十万元以上一百万元以下的罚款：

（一）未按照规定采取预防措施，导致发生较大以上突发事件的；

（二）未及时消除已发现的可能引发突发事件的隐患，导致发生较大以上突发事件的；

（三）未做好应急物资储备和应急设备、设施日常维护、检测工作，导致发生较大以上突发事件或者突发事件危害扩大的；

（四）突发事件发生后，不及时组织开展应急救援工作，造成严重后果的。

其他法律对前款行为规定了处罚的，依照较重的规定处罚。

四、《城镇燃气管理条例》

（一）立法目的

《城镇燃气管理条例》立法目的：加强城镇燃气管理，保障燃气供应，防止和减少燃气安全事故，保障公民生命、财产安全和公共安全，维护燃气经营者和燃气用户的合法权益，促进燃气事业健康发展。

（二）重要意义

《城镇燃气管理条例》的重要意义体现在以下几个方面。

（1）加强城镇燃气管理：条例旨在通过明确的法规来加强城镇燃气的管理，确保燃气供应的安全和稳定。

（2）保障燃气持续、稳定、安全供应：一是明确燃气设施保护范围的划定以及在保护范围内禁止性的活动，并规定新建、扩建、改建建设工程不得影响燃气设施安全。二是明确有关单位从事可能影响燃气设施安全活动时应当采取安全保护措施，并定期进行巡查、检测、维修和维护。同时还规定了单位和个人的保护义务。三是确立市政燃气设施改动审批制度，并明确对改动方案的要求，以此保障燃气安全稳定供应。

（3）维护合法权益：条例还致力于维护燃气经营者和燃气用户的合法权益，

促进燃气事业的健康发展。

（4）建立健全监督管理制度：条例要求县级以上人民政府有关部门建立健全燃气安全监督管理制度，增强全民的燃气安全意识。

（5）规范燃气经营与服务行为：条例通过确立燃气经营许可证制度、明确经营者的服务义务和责任等措施，规范燃气经营与服务行为，保障燃气供应安全和服务质量。

（6）增强燃气安全意识：条例还强调了增强全民燃气安全意识的重要性，通过宣传普及燃气法律法规和安全知识，减少燃气事故的发生。

（三）燃气经营者的责任及禁止行为

1. 燃气经营者的责任

（1）燃气经营者应当向燃气用户持续、稳定、安全供应符合国家质量标准的燃气，指导燃气用户安全用气、节约用气，并对燃气设施定期进行安全检查。

（2）燃气经营者应当公示业务流程、服务承诺、收费标准和服务热线等信息，并按照国家燃气服务标准提供服务。

（3）管道燃气经营者对其供气范围内的市政燃气设施、建筑区划内业主专有部分以外的燃气设施，承担运行、维护、抢修和更新改造的责任。

（4）管道燃气经营者应当按照供气、用气合同的约定，对单位燃气用户的燃气设施承担相应的管理责任。

（5）管道燃气经营者因施工、检修等原因需要临时调整供气量或者暂停供气的，应当将作业时间和影响区域提前48小时予以公告或者书面通知燃气用户，并按照有关规定及时恢复正常供气；因突发事件影响供气的，应当采取紧急措施并及时通知燃气用户。

（6）燃气经营者停业、歇业的，应当事先对其供气范围内的燃气用户的正常用气作出妥善安排，并在90个工作日前向所在地燃气管理部门报告，经批准方可停业、歇业。

（7）燃气经营者应当建立健全燃气质量检测制度，确保所供应的燃气质量符合国家标准。

（8）燃气经营者应当对其从事瓶装燃气送气服务的人员和车辆加强管理，并承担相应的责任。

（9）燃气经营者应当依法经营，诚实守信，接受社会公众的监督。

2. 燃气经营者的禁止行为

（1）拒绝向市政燃气管网覆盖范围内符合用气条件的单位或者个人供气。

（2）倒卖、抵押、出租、出借、转让、涂改燃气经营许可证。

（3）未履行必要告知义务擅自停止供气、调整供气量，或者未经审批擅自停业或者歇业。

（4）向未取得燃气经营许可证的单位或者个人提供用于经营的燃气。

（5）在不具备安全条件的场所储存燃气。

（6）要求燃气用户购买其指定的产品或者接受其提供的服务。

（7）擅自为非自有气瓶充装燃气。

（8）销售未经许可的充装单位充装的瓶装燃气或者销售充装单位擅自为非自有气瓶充装的瓶装燃气。

（9）冒用其他企业名称或者标志从事燃气经营、服务活动。

（四）燃气使用者的责任及禁止行为

1. 燃气使用者的责任

（1）燃气用户应当遵守安全用气规则，使用合格的燃气燃烧器具和气瓶，及时更换国家明令淘汰或者使用年限已届满的燃气燃烧器具、连接管等，并按照约定期限支付燃气费用。

（2）单位燃气用户还应当建立健全安全管理制度，加强对操作维护人员燃气安全知识和操作技能的培训。

2. 燃气使用者的禁止行为

（1）擅自操作公用燃气阀门。

（2）将燃气管道作为负重支架或者接地引线。

（3）安装、使用不符合气源要求的燃气燃烧器具。

（4）擅自安装、改装、拆除户内燃气设施和燃气计量装置。

（5）在不具备安全条件的场所使用、储存燃气。

（6）盗用燃气。

（7）改变燃气用途或者转供燃气。

（五）禁止从事的危及燃气设施安全的活动

在燃气设施保护范围内，禁止从事下列危及燃气设施安全的活动。

（1）建设占压地下燃气管线的建筑物、构筑物或者其他设施。

（2）进行爆破、取土等作业或者动用明火。

（3）倾倒、排放腐蚀性物质。

（4）放置易燃易爆危险物品或者种植深根植物。

（5）其他危及燃气设施安全的活动。

（六）相关条款

第四十九条　违反本条例规定，燃气用户及相关单位和个人有下列行为之一的，由燃气管理部门责令限期改正；逾期不改正的，对单位可以处 10 万元以下罚款，对个人可以处 1000 元以下罚款；造成损失的，依法承担赔偿责任；构成犯罪的，依法追究刑事责任：

（一）擅自操作公用燃气阀门的；

（二）将燃气管道作为负重支架或者接地引线的；

（三）安装、使用不符合气源要求的燃气燃烧器具的；

（四）擅自安装、改装、拆除户内燃气设施和燃气计量装置的；

（五）在不具备安全条件的场所使用、储存燃气的；

（六）改变燃气用途或者转供燃气的；

（七）未设立售后服务站点或者未配备经考核合格的燃气燃烧器具安装、维修人员的；

（八）燃气燃烧器具的安装、维修不符合国家有关标准的。

盗用燃气的，依照有关治安管理处罚的法律规定进行处罚。

第五十条 违反本条例规定，在燃气设施保护范围内从事下列活动之一的，由燃气管理部门责令停止违法行为，限期恢复原状或者采取其他补救措施，对单位处 5 万元以上 10 万元以下罚款，对个人处 5000 元以上 5 万元以下罚款；造成损失的，依法承担赔偿责任；构成犯罪的，依法追究刑事责任：

（一）进行爆破、取土等作业或者动用明火的；

（二）倾倒、排放腐蚀性物质的；

（三）放置易燃易爆物品或者种植深根植物的；

（四）未与燃气经营者共同制定燃气设施保护方案，采取相应的安全保护措施，从事敷设管道、打桩、顶进、挖掘、钻探等可能影响燃气设施安全活动的。

违反本条例规定，在燃气设施保护范围内建设占压地下燃气管线的建筑物、构筑物或者其他设施的，依照有关城乡规划的法律、行政法规的规定进行处罚。

第五十一条 违反本条例规定，侵占、毁损、擅自拆除、移动燃气设施或者擅自改动市政燃气设施的，由燃气管理部门责令限期改正，恢复原状或者采取其他补救措施，对单位处 5 万元以上 10 万元以下罚款，对个人处 5000 元以上 5 万元以下罚款；造成损失的，依法承担赔偿责任；构成犯罪的，依法追究刑事责任。

违反本条例规定，毁损、覆盖、涂改、擅自拆除或者移动燃气设施安全警示标志的，由燃气管理部门责令限期改正，恢复原状，可以处 5000 元以下罚款。

第五十二条 违反本条例规定，建设工程施工范围内有地下燃气管线等重要燃气设施，建设单位未会同施工单位与管道燃气经营者共同制定燃气设施保护方案，或者建设单位、施工单位未采取相应的安全保护措施的，由燃气管理部门责令改正，处1万元以上10万元以下罚款；造成损失的，依法承担赔偿责任；构成犯罪的，依法追究刑事责任。

知识拓展：

《中华人民共和国刑法》部分条款

第一百一十八条　破坏电力、燃气或者其他易燃易爆设备，危害公共安全，尚未造成严重后果的，处三年以上十年以下有期徒刑。

第一百一十九条　破坏交通工具、交通设施、电力设备、燃气设备、易燃易爆设备，造成严重后果的，处十年以上有期徒刑、无期徒刑或者死刑。过失犯前款罪的，处三年以上七年以下有期徒刑；情节较轻的，处三年以下有期徒刑或者拘役。

第一百三十四条　在生产、作业中违反有关安全管理的规定，因而发生重大伤亡事故或者造成其他严重后果的，处三年以下有期徒刑或者拘役；情节特别恶劣的，处三年以上七年以下有期徒刑。强令他人违章冒险作业，或者明知存在重大事故隐患而不排除，仍冒险组织作业，因而发生重大伤亡事故或者造成其他严重后果的，处五年以下有期徒刑或者拘役；情节特别恶劣的，处五年以上有期徒刑。

第一百三十四条之一　在生产、作业中违反有关安全管理的规定，有下列情形之一，具有发生重大伤亡事故或者其他严重后果的现实危险的，处一年以下有期徒刑、拘役或者管制：

（一）关闭、破坏直接关系生产安全的监控、报警、防护、救生设备、设施，或者篡改、隐瞒、销毁其相关数据、信息的；

（二）因存在重大事故隐患被依法责令停产停业、停止施工、停止使用有关设备、设施、场所或者立即采取排除危险的整改措施，而拒不执行的；

（三）涉及安全生产的事项未经依法批准或者许可，擅自从事矿山开采、金属冶炼、建筑施工，以及危险物品生产、经营、储存等高度危险的生产作业活动的。

第一百三十五条　安全生产设施或者安全生产条件不符合国家规定，因而发生重大伤亡事故或者造成其他严重后果的，对直接负责的主管人员和其他直接责任人员，处三年以下有期徒刑或者拘役；情节特别恶劣的，处三年以上七年以下有期徒刑。

第一百三十七条 建设单位、设计单位、施工单位、工程监理单位违反国家规定，降低工程质量标准，造成重大安全事故的，对直接责任人员，处五年以下有期徒刑或者拘役，并处罚金；后果特别严重的，处五年以上十年以下有期徒刑，并处罚金。

第一百三十九条 违反消防管理法规，经消防监督机构通知采取改正措施而拒绝执行，造成严重后果的，对直接责任人员，处三年以下有期徒刑或者拘役；后果特别严重的，处三年以上七年以下有期徒刑。

第二节 标 准 规 范

本节选取《燃气工程项目规范》（GB 55009—2021）、《城镇燃气设施运行、维护和抢修安全技术规程》（CJJ 51—2016）进行介绍，并对其中部分条文进行说明。

一、《燃气工程项目规范》

（一）概述

《燃气工程项目规范》（GB 55009—2021）由中华人民共和国住房和城乡建设部与国家市场监督管理总局于2021年4月9日联合发布，自2022年1月1日起实施。本规范共分6章，主要技术内容包括总则、基本规定、燃气质量、燃气厂站、管道和调压设施、燃具和用气设备。

1. 目的及适用范围

该规范的制定是为了促进城乡燃气高质量发展，预防和减少燃气安全事故，保证供气连续稳定，保障人身、财产和公共安全。城市、乡镇、农村的燃气工程项目必须执行本规范。

该规范不适用于：城镇燃气门站以前的长距离输气管道工程项目；工业企业内部生产用燃气工程项目；沼气、秸秆气的生产和利用工程项目；海洋和内河轮船、铁路车辆、汽车等运输工具上的燃气应用项目。

2. 特点

（1）在燃气质量方面，明确了燃气发热量波动范围。《天然气》（GB 17820—2018）只规定了天然气的最低发热量。在具体工程实践中，天然气的热值波动较大，甚至超过10%。其导致的结果：一方面，可能影响消费者的利益，同样的价格买到了较低热值的天然气；另一方面，热值波动范围扩大，有可能降低灶具热效率和改变燃烧产物成分，影响清洁能源的高效利用。《燃气工程项目规范》首次明确提出燃气的发热量波动范围为 ±5%，作为强制性的技术条款将有效改变目前的状况，从而提高我国燃气供应的质量水平和技术水平。

（2）在管道和调压设施方面，进一步明确了燃气设施的保护范围和控制范围。在现行的工程建设标准中，对燃气设施与其他建（构）筑物的间距有具体规定。但是由于现实情况的复杂性，间距要求很难得到完全满足。《城镇燃气管理条例》对燃气设施的保护控制范围提出了原则要求。《燃气工程项目规范》根据对国内情况的充分调研，提出了燃气设施的最小保护范围和最小控制范围的具体要求，对于实现燃气设施科学建设和本质安全有着积极的意义。

（3）在输配管道压力分级方面，与国际接轨，调整了压力等级划分。我国现行的工程建设标准是按照设计压力来分级的，在实际运行过程中，管道的最高运行压力往往要低于设计压力。如果按照设计压力来进行分级，可能造成管道的保护控制范围加大，从而造成建设困难的加大和投资的增加。按照最高运行压力进行分级可避免这类问题的出现，同时也和国际工程规范的通行要求保持一致。

（4）在燃具和用气设备方面，突出了提高用户燃具和用气设备的本质安全，参照日本标准规定家庭用户管道应加装具有过流、欠压切断功能的安全装置，参照英国和日本标准规定用户气瓶应具有可追溯性。

（二）相关条文及说明

2.3.2　燃气设施建设和运行单位应建立健全安全管理制度，制定操作维护规程和事故应急预案，并应设置专职安全管理人员。

【条文说明】燃气工程安全生产管理必须坚持安全第一、预防为主的方针，建立健全安全生产责任制度和群防群治制度。

2.3.3　燃气设施的施工、运行维护和抢修等场所及重要的燃气设施应设置规范、明显的安全警示标志。

【条文说明】燃气具有易燃易爆的特性，燃气设施具有分布广的特点，因此应有对厂站外人员警示的措施；同时也提醒从业人员，切实减少各类违章行为，避免事故的发生。

燃气设施施工、运行维护和抢修作业时可能会有燃气泄漏，因此划出作业区并对作业区实施严格管理是非常必要的。在作业区周围设置护栏和警示标志，对作业人员可起到保护作用，对路人、车辆等可起到提示作用，对作业安全也是必须采取的措施。

2.3.4　燃气设施的运行单位应配备具有专业技能且无间断值班的应急抢险队伍及必需的备品配件、抢修机具和应急装备，应设置并向社会公布 24 h 报修电话和其他联系方式。

【条文说明】燃气设施一旦发生泄漏，极易引发火灾、爆炸及中毒事故，使国家和人民生命财产遭受损害。确保燃气安全供应，是燃气运行单位的重要职责。为了保障人身安全，燃气设施在发生事故时应有切实可行的预警和抢修措施，将事故危害限制在最低程度内。

2.3.5　燃气设施可能泄漏燃气的作业过程中，应有专人监护，不得单独操作。泄漏燃气的原因未查清或泄漏未消除前，应采取有效安全措施，直至燃气泄漏消除为止。

【条文说明】燃气设施可能泄漏燃气的作业过程中，为保证作业人员的人身安全，进入作业现场前要用适当的气体测试仪器测试密闭场地内含氧量（19.5%～23.5%）以及是否存在危险气体，工作期间应对密闭空间进行持续的气体监测；工作时密闭场地内需持续保持空气流通；在密闭场地预备有安全带、救援绳，至少保持有2人在场，并进行安全监护。

当事故泄漏原因未查清或泄漏隐患未消除时，现场存在发生中毒、着火、爆炸等事故的可能，因此应持续采取安全措施，直至消除泄漏为止，方能保证安全。

2.3.6　燃气设施现场的操作应符合下列规定：

1　操作人员应熟练掌握燃气特性、相关工艺和应急处置的知识和技能；

2　操作或抢修作业应标示出作业区域，并应在区域边界设置护栏和警示标志；

3　操作或抢修人员作业应穿戴防静电工作服及其他防护用具，不应在作业区域内穿脱和摘戴作业防护用具；

4　操作或抢修作业区域内不得携带手机、火柴或打火机等火种，不得穿着容易产生火花的服装。

【条文说明】燃气设施运行单位应当建立健全安全管理制度，加强对操作维护人员燃气安全知识和操作技能的培训，燃气设施运行单位应当制定本单位燃气安全事故应急预案，配备应急人员和必要的应急装备、器材，并定期组织演练。

燃气设施包含可能散发可燃气体的装置，进入抢修作业区域的人员应按规定穿着防静电服，包括衬衣、裤均应是防静电的，而且不应在作业区域内穿、脱防护用具（包括防护面罩及防静电服、鞋），以免在穿、脱防护用具时产生电火花。无论是正常运行维护操作燃气设施，还是应急抢险抢修作业，均禁止携带手机等非防爆电子产品、打火机等火种，这是最基本的安全要求。

2.3.7　燃气设施正常运行过程中未达到排放标准的工艺废弃物不得直接排放。

【条文说明】燃气生产工艺的污水中可能含有一些烃类物质，且挥发性很高，故限制其直接排入下水道，以确保安全。排出站外的污水应按《污水综合排放标准》(GB 8978—1996）的规定执行，另外还要根据排放的地点确定符合的标准。例如，直接排入城市下水道应符合《污水排入城镇下水道水质标准》(GB/T 31962—2015）的有关规定；野外直接排放应符合《地表水环境质量标准》(GB 3838—2002）的有关规定，直接排入农田应符合《农田灌溉水质标准》(GB 5084—2021）的有关规定。

6.1.1　家庭用户应选用低压燃具。不应私自在燃具上安装出厂产品以外的可能影响燃具性能的装置或附件。

【条文说明】低压燃具相比中压燃具，使用的安全性更高，一旦发生事故危害性更低。家庭用户用气量不大，燃具的热负荷不高，低压燃具可以满足需求。

燃具正常工作时，是靠一定压力的燃气以一定的流速产生的引射作用吸入空气，与空气充分混合后燃烧，需要的空气量与燃气的压力高低有直接关系，相应地对空气的供给量就有要求，《住宅设计规范》(GB 50096—2011）中规定不同套型住宅厨房面积分别为 3.5 m^2 和 4.0 m^2，在面积不大的厨房内可提供的空气量也是有限的，若燃气压力过高，燃烧时空气量不足将会造成燃烧不充分从而产生一氧化碳，影响人身健康和安全用气。

6.1.6　家庭用户不得使用燃气燃烧直接取暖的设备。

【条文说明】燃气取暖器等直接燃烧燃气进行取暖的设备，其燃烧所需的空气来自室内，燃烧废气也排到室内，一般采暖时门窗紧闭空气不流通，超过一定时间会形成室内缺氧并有大量一氧化碳气体，易造成室内人员缺氧及一氧化碳中毒窒息甚至死亡。燃气取暖器一般是可移动的，经常移动软管容易脱落，造成燃气泄漏、着火甚至爆炸，构成重大安全事故。

6.1.7　当家庭用户管道或液化石油气钢瓶调压器与燃具采用软管连接时，应采用专用燃具连接软管。软管的使用年限不应低于燃具的判废年限。

【条文说明】软管在厨房里的安装环境多种多样，有的在操作台下的橱柜里，有的在橱柜拉篮后面，有的和台式灶连接部分裸露在外，面临鼠咬、撞击、调料侵蚀、厨房清洁等情况。户内燃气泄漏事故中，胶管漏气是各类事故中占比最高的。本条规定必须采用专用燃具连接软管，也是从规范上强调使用合格产品，摒弃使用不合格产品，保障家庭用户燃气安全。软管更新容易被用户忽视，规定软管使用年限要求不低于燃具判废年限，在燃具更新时，软管可同时更新，提倡整体更新。

6.1.10　使用液化石油气钢瓶供气时，应符合下列规定：

1　不得采用明火试漏；

2　不得拆开修理角阀和调压阀；

3　不得倒出处理瓶内液化石油气残液；

4　不得用火、蒸汽、热水和其他热源对钢瓶加热；

5　不得将钢瓶倒置使用；

6　不得使用钢瓶互相倒气。

【条文说明】不得采用明火试漏：当液化石油气泄漏浓度在一定的范围内，遇明火会发生爆炸或引起火灾。

不得拆开修理角阀和调压阀：一方面，《液化石油气瓶阀》(GB 7512—2023)中规定阀的结构形式为不可拆卸式（即通过破坏阀上的承压零件才能将其拆卸），且被拆卸的阀门不能正常使用（如果瓶阀损坏，则只能整体更换新阀）；另一方面，瓶阀和调压器修理后无法确定其性能是否符合出厂或相应产品标准要求。

液化石油气残液的处理：液化石油气钢瓶用到最后时，瓶内会有一些残液，其主要成分是易燃的戊烷和异丁烷等重碳氢化合物，需要专用设备在专门场所处理。很多用户将残液自行倒掉，结果导致了严重的事故。

不得对钢瓶加热：如果用火、蒸汽、热水和其他热源对钢瓶加热，会导致瓶内液态液化石油气迅速气化，使得钢瓶内液化气蒸气压快速增加，当瓶内压力超过了钢瓶及附件的承压极限，会导致钢瓶附件损坏或钢瓶爆裂，使液化石油气大量泄漏，将会引起爆燃等火灾事故。

不得将钢瓶倒置使用：正常情况下，钢瓶内的液化石油气下部呈液态，上部是气态；气态液化石油气通过减压阀供给燃具。若钢瓶倒置，通过减压阀的都是液体，液体出来后，其体积迅速膨胀近 250 倍，这样就大大超过了燃具的负荷，从而导致两种情况发生：一是可能蹿出很高很大的火焰，引燃附近的可燃物；另一种是气体来不及完全燃烧，与空气形成爆炸性气体混合物而发生爆炸。

液化石油气钢瓶的充装：液化石油气钢瓶充装应在专门场所，采用专用充装设备，气瓶充装完成后，应对气瓶进行检漏、称重或检压，才能保证安全。

6.1.11　家庭用户不得将燃气作为生产原料使用。

【条文说明】家庭用户只能将燃气作为炊事或制备热水的燃料进行使用。

二、《城镇燃气设施运行、维护和抢修安全技术规程》

（一）概述

随着我国燃气事业的飞速发展，新工艺、新设备、新材料、新技术在燃气行业得到了广泛应用，特别是城镇燃气系统压力级制的提高，聚乙烯（PE）管、压缩天然气、液化天然气技术的广泛应用对城镇燃气的运行管理工作提出了新的要求。

在我国燃气专业标准体系中，燃气工程设计、施工和验收方面制定和出台了若干国家标准和行业标准，基本满足工程建设使用要求，但在燃气设施投入使用后的安全技术标准还很缺乏。《城镇燃气设施运行、维护和抢修安全技术规程》（CJJ 51—2016）自2016年12月1日起施行，也是目前燃气行业唯一一部指导生产运行、安全管理的技术规程。它不同于燃气设计、施工规范的要求，重点在于对燃气设施的日常运行、维护、生产运营安全管理和事故状态下的抢修要求。每个城镇燃气供应单位和城镇燃气从业人员应严格遵照《城镇燃气设施运行、维护和抢修安全技术规程》的要求，将确保安全供气落实在具体的运行管理工作中。

（二）相关条文及说明

3.0.1 城镇燃气供应单位应建立、健全安全生产管理制度及运行、维护、抢修操作规程。

3.0.2 城镇燃气供应单位应配备专职安全管理人员，抢修人员应24 h值班；应设置并向社会公布24 h报修电话。

【条文说明】《城镇燃气管理条例》规定，燃气安全事故发生后，燃气经营者应当立即启动本单位燃气安全事故应急预案，组织抢险、抢修。为确保法律法规的落实和燃气供应的安全，本条的规定是必备的条件，且目前燃气企业也基本是这样做的。

3.0.3 在城镇燃气设施运行、维护和抢修中，应利用监控及数据采集系统，逐步实现故障判断、作业指挥及事故统计分析的智能化。

3.0.4 城镇燃气设施或重要部位应设置标志，并应定期进行检查和维护。燃气设施运行、维护和抢修过程中，应设置安全标志。标志的设置和制作应符合现行行业标准《城镇燃气标志标准》CJJ/T 153的有关规定。

【条文说明】该条提出对重要的燃气设施或重要部位应设置标志，并禁止周围堆放危险物品，主要是为了防止燃气设施受到意外损伤和防止火种接近，保证燃气设施的安全，以及日常维护、紧急抢修工作的顺利进行。《城镇燃气标志标准》（CJJ/T 153—2010）中对标志的设置和制作有明确的规定。

3.0.5 城镇燃气供应单位应建立燃气安全事故报告和统计分析制度，并应制定事故等级标准。燃气安全事故报告和统计分析的内容可按本规程附录A的格式确定。

【条文说明】《城镇燃气管理条例》规定，燃气管理部门应当会同有关部门制定燃气安全事故应急预案，建立燃气事故统计分析制度，定期通报事故处理结果。燃气安全事故的统计分析及定期通报旨在及时统计燃气安全事故，分析发生事故的原因，发现其中的规律，吸取教训，避免重复性事故，降低事故发生率。考虑到目前国内各个城市事故等级划分的标准与原则都不相同，不同规模的城市，同样的事故数量、伤亡人数、经济损失、停气时间和范围，对城市产生的影响是不同的，因此本规程中没有统一规定事故等级的标准，只是提出了“制定事故等级标准”的原则性要求。

燃气安全事故的统计和报告需要明确事故单位基本情况、事故经过及后果、事故原因分析及处理情况。

3.0.6　城镇燃气供应单位应制定燃气安全生产事故应急预案，应急预案的编制程序、内容和要素等应符合现行国家标准《生产经营单位生产安全事故应急预案编制导则》GB/T 29639 的有关规定。针对具体的装置、场所或设施、岗位应编制现场处置方案。应急预案应按有关规定进行备案，组织实施演习每年不得少于1次，并应对预案及演习结果进行评定。

【条文说明】燃气安全事故是指在燃气生产、储存、输配和使用过程中，因自然灾害、不可抗力、人为故意或过失、意外事件等多种因素造成的燃气泄漏、停气、中毒或爆炸，造成人员伤亡和财产损失，影响社会秩序的事件。应急预案就是针对可能发生的事故，为迅速、有序地开展应急行动而预先制定的行动方案。制定应急预案的目的在于有效预防、及时处置各类突发燃气事故，提高应对燃气安全事故应急处置能力，最大限度地减少燃气事故造成的人员伤亡和财产损失，从而保障城市安全运行和经济社会持续稳定发展。应急预案一般应包括总则、组织体系、预警预防机制、应急处置和保障机制、后期处理机制等内容，现行国家标准《生产经营单位生产安全事故应急预案编制导则》(GB/T 29639—2020）中对编写应急预案的程序、内容和基本要素等作出了详细的规定，城镇燃气供应单位可根据本单位的组织体系、管理模式、风险大小以及生产规模不同编制应急预案，并按照要求进行备案、定期演练，及时修订、更新，相关人员应熟练掌握预案中各自的职责、流程，并通过应急演练，做到迅速反应、正确处置。

现场处置方案是应急预案的基础，是针对具体的装置、场所或设施、岗位所制定的应急处置措施。

3.0.7　对于停止运行、报废的管道，管道所属企业应及时进行处置；暂时没有处置的应采取安全措施，继续对其进行管理，并应与运行中的室外管道及室内管道进行有效隔断。报废的室外及室内管道在具备条件时应予以拆除。

【条文说明】《国务院办公厅关于加强城市地下管线建设管理的指导意见》（国办发〔2014〕27 号）中要求，各城市要定期排查地下管线存在的隐患，制定工作计划，限期消除隐患；加大力度清理拆除占压地下管线的违法建（构）筑物，清查、登记废弃和“无主”管线，明确责任单位，对于存在安全隐患的废弃管线要及时处置，消灭危险源，其余废弃管线应在道路新（改、扩）建时予以拆除。在实际工作中经常有停止运行或者报废的管道不能及时拆除，有些也许会长时间原地存留。这就要求对这些管道进行妥善处理，如吹扫置换、保留管线资料等。如果处理不当可能会发生一些意外事故，如将运行管线误连接到废弃管道上、废弃管道与运行管线不能有效隔断发生串气等问题。

3.0.8　当城镇燃气设施运行、维护和抢修需要切断电源时，应在安全的地方进行操作。

【条文说明】在对燃气设施进行维护和抢修时，如已经发生燃气泄漏但不能准确判断现场可燃气体浓度，又需切断电源，则要尽量在远离事故现场处切断电源，防止因产生火花引起爆炸。

3.0.9　人员进入燃气调压室、压缩机房、计量室、瓶组气化间、阀室、阀门井和检查井等场所前，应先检查所进场所是否有燃气泄漏；人员在进入地下调压室、阀门井、检查井内作业前，还应检查其他有害气体及氧气的浓度，确认安全后方可进入。作业过程中应有专人监护，并应轮换操作。

【条文说明】在对燃气设施进行维护和抢修作业时，操作人员经常会进入阀门井、检查井等地下场所。在这些场所中，有可能存在可燃气体或其他有害气体，还有可能缺氧。如氧气浓度过低，会造成人员缺氧窒息；如一氧化碳或硫化氢浓度过高，对人员的安全也会造成威胁。因此，为保证人员安全，在检测确认无危险后，方可进入作业现场。其中，可燃气体浓度小于爆炸下限的 20%；氧气的浓度可参照《缺氧危险作业安全规程》（GB 8958—2006）中的规定：氧气浓度大于 19.5%；一氧化碳及硫化氢的浓度可参照《工作场所有害因素职业接触限值　第 1 部分：化学有害因素》（GBZ 2.1—2019）中的规定：一氧化碳浓度小于 30 mg/m^3，硫化氢浓度小于 10 mg/m^3。要求操作人员采取轮换作业方式和有专人现场监护是为了有效地实现现场互助和自救。

3.0.10　进入燃气调压室、压缩机房、计量室、瓶组气化间、阀室、阀门井和检查井等场所作业时，应符合下列规定：

1　应穿戴防护用具，进入地下场所作业应系好安全带；

2　维修电气设备时，应切断电源；

3　带气检修维护作业过程中，应采取防爆和防中毒措施，不得产生火花；

4　应连续监测可燃气体、其他有害气体及氧气的浓度，如不符合要求，应立即停止作业，撤离人员。

【条文说明】在燃气调压室、压缩机房、计量室、瓶组气化间、阀室、阀门井和检查井等场所内作业时，要求操作人员穿防静电服、鞋，戴防护用具，目的是当有燃气泄漏时可对现场操作人员起到安全保护的作用。在作业时，有条件的要使用黄铜工具，如果用铁制工具，在工具上涂抹黄油也可以起到防止产生火花的作用。

3.0.11　液化石油气、压缩天然气、液化天然气的在用气瓶内应保持正压，不得给无合格证或有故障的气瓶充装。

【条文说明】本条根据《气瓶安全技术规程》(TSG 23—2021) 中"瓶内气体不得用尽，压缩气体气瓶的剩余压力不得小于 0.05 MPa"的规定提出，目的是防止瓶内出现负压造成危险。

3.0.12　进入厂站生产区的机动车辆应在排气管出口加装消火装置，并应限速行驶。

3.0.13　消防设施和器材的管理、检查、维修和保养等应设专人负责，并应定期对其进行检查和补充，消防设施周围不得堆放杂物。消防通道的地面上应有明显的安全标志，应保持畅通无阻。

3.0.14　站内防雷、防静电装置应完好并处于正常运行状态。防雷装置应按国家有关规定定期进行检测，检测宜在雷雨季节前进行，检测结果应符合设计要求；防静电装置检测每半年不得少于 1 次。

【条文说明】防雷装置是指接闪器、引下线、接地装置、电涌保护器及其连接导体等构成的，用以防御雷电灾害的设施或者系统。《防雷减灾管理办法》(中国气象局令第 24 号) 中规定，投入使用后的防雷装置实行定期检测制度；防雷装置应当每年检测一次，对爆炸和火灾危险环境场所的防雷装置应当每半年检测一次。为了能够达到站内的防雷、防静电装置能够处于正常运行状态的目的，本规程提出了对防雷、防静电装置进行定期检测的要求，且都是最低要求。对于防雷装置还规定了具体检测时间，宜安排在每年的雷雨季节前进行。这是考虑到在雷雨季节前进行检测，发现问题能及时纠正，效果最佳，且全国各地雷雨季节时间不同，自行规定时间可操作性比较强。

3.0.15　压力容器、安全装置及仪器仪表等应按国家有关规定进行运行维护、定期校验和更换。

3.0.16　燃气供应单位应定期对燃气设施进行安全评价，并应符合现行国家标准《燃气系统运行安全评价标准》GB/T 50811 的有关规定。

【条文说明】燃气供应单位定期对燃气设施进行安全评价是安全管理的重要内容之一。通过安全评价可以尽早发现事故隐患，减少事故发生的概率和可能造成的生命财产损失，为制定防范措施和管理决策、消除事故隐患提供科学依据。《燃气系统运行安全评价标准》(GB/T 50811—2012）针对已正式投产运行的燃气设施进行现状安全评价，提出了安全评价的内容、方法及标准。安全评价的方式可以是自评，也可以是第三方评价。

4.1.1　城镇燃气供应单位制定的安全生产管理制度和操作规程应包括下列内容：

1　事故统计分析制度；

2　隐患排查和分级治理整改制度；

3　城镇燃气管道及其附属系统、厂站内工艺管道的运行、维护制度和操作规程；

4　供气设备的运行、维护制度和操作规程；

5　用户燃气设施的报修制度及检查、维护的操作规程；

6　日常运行中发现问题及事故处理的报告程序。

【条文说明】作为城镇燃气供应单位建立健全相应的安全管理规章制度并严格执行，是保证安全供气的重要前提，为此本条款提出了城镇燃气设施安全运行应制定的基本安全管理制度和操作规程。这些只是最基本的要求，城镇燃气供应单位还应根据实际情况制定相应的、全面的、切实可行的安全管理制度和操作规程。管理制度应包括工作范围、内容和职责，明确责任人。

城镇燃气管道及其附属系统、厂站的工艺管道与设备的运行、维护制度和操作规程，应综合考虑设备工艺参数、管材、管径、工作压力、输送介质、防腐等级、连接形式、使用年限和周围环境（人口密度、地质、道路和地下构筑物情况、气候变化、施工作业）等因素。管道附属系统包括阴极保护系统及管网监控系统。

用户设施的检查和报修制度，应综合考虑管材、工作压力、输送介质、连接方式、使用年限和周围环境（使用者、房屋结构）以及机构设置、职责划分等因素。

日常运行中发现问题或事故处理的上报程序，应综合考虑供气区域划分、部门职责和管理体系等因素，确保程序畅通、切实有效、可操作性强。

4.1.2　进入厂站内生产区不得携带火种、非防爆型无线通信设备，未经批准不得在厂站内生产区从事可能产生火花性质的操作。

4.1.3　站内装卸软管及防拉断阀应定期进行检查、检验和维护保养，软管有老化或损伤时应及时更换。

【条文说明】本条是根据《移动式压力容器安全技术监察规程》(TSG R0005—2011）的有关规定提出的原则性要求。关于装卸用软管定期检验的时间周期和检验方法，该规程有详细规定，但考虑各企业装卸软管使用的压力、频率、环境等实际情况有很大不同，差异较大，也可以根据实际情况制定可行的方案。装卸软管在使用过程中有可能发生老化、碰伤等，因此应经常检查、保养装卸软管。在液化石油气、液化天然气、压缩天然气装卸作业中，为防止车辆拉断胶管，造成气体泄漏事故，大部分安装了防拉断阀。对防拉断阀应经常进行检查和维护保养，以确保正常使用。

《移动式压力容器安全技术监察规程》要求：①移动式压力容器与装卸用管有可靠的连接方式；②有防止装卸用管拉脱的连锁安全保护装置；③所选用装卸用管的材料与充装介质相容，接触液氧等氧化性介质的装卸用管内表面需要进行脱脂处理和防止油脂污染措施；④冷冻液化气体介质的装卸用管的材料能够满足低温性能要求；⑤装卸用管和快速装卸接头的公称压力不得小于装卸系统工作压力的2倍，并且在承受4倍公称压力时不得破裂；⑥充装单位、使用单位对装卸用管必须每半年进行一次耐压试验，试验压力为1.5倍的公称压力，试验结果要有记录和试验人员的签字；⑦装卸用管必须标示开始使用日期，其使用年限严格按照有关规定执行。

4.1.4　液化石油气、压缩天然气、液化天然气的运输车辆应符合国家有关危险化学品运输的规定。

4.1.5　装卸液化石油气、压缩天然气、液化天然气的运输车应按要求停车入位，并应采取静电接地措施。连接软管前，运输车应处于制动状态。装卸作业过程中，应采取设置防移动块等措施防止运输车移动。装卸完成后，应关闭阀门，在卸除连接软管后，运输车方可启动。

4.1.6　高压或次高压设备进行维护时，应有人监护。

4.1.7　施工完毕未投入运行的燃气管道应采取安全措施，并应符合下列规定：

1　宜采用惰性气体或空气保压，压力不宜超过运行压力，并应按本规程第4.2节的有关规定进行检查和维护；

2　未投入运行的管道与运行管道应采取有效隔断，不得单独使用阀门做隔断；

3　未进行保压的管道，应在通气前重新进行压力试验，试验合格后方可通气运行。

【条文说明】管道施工完毕后，经常会由于各种原因管道暂时不能通气投入运行。对于这些管道，通入气体保持一定压力并纳入正常管理，一旦管道有泄漏，能够及时发现，因此本条提出宜对管道进行保压处理，且压力不宜超过运行压力。由于管道内已经有压力，因此要求按照已经投入运行管道的要求进行管理。在通气前应分析管道内压力变化情况，如没有泄漏就可以不再做压力试验。相反，如果施工完毕未做保压且长时间未投入运行的管道，在通气前需要重新进行压力试验，试验合格后方可通气使用。

4.1.8　大型燃气设备基础的沉降情况应定期进行观测，其沉降值不得大于设计允许值。

4.1.9　压缩天然气、液化天然气厂站的全站紧急切断装置应定期进行检查和维护。

4.1.10　安装在用户室内外的公用阀门应设置永久性警示标志。

【条文说明】在安装用户室内外的公用阀门处设置永久性警示标志，是为了防止非专业人员擅自操作该阀门而造成意外事故。

5.1.1　城镇燃气供应单位应制定事故抢修制度和事故上报程序。

【条文说明】燃气泄漏可能引起中毒、火灾、爆炸等造成人员伤亡和经济损失的事故。为了控制事故并将事故损失减少到最小，城镇燃气供应单位应制定事故抢修制度和事故上报程序，确保城镇燃气供应单位能在事故发生的第一时间内获知事故情况，并能做到准确判断后立即组织有效的抢修。对于重大事故，应当立即报告有关部门。

5.1.2　城镇燃气供应单位应根据供应规模设立抢修机构和配备必要的抢修车辆、抢修设备、抢修器材、通信设备、防护用具、消防器材、检测仪器等装备，并应保证设备处于良好状态。

【条文说明】为了保证事故抢修的实施，城镇燃气供应单位应根据供应规模设置专职抢修队伍，配齐抢修人员及抢修所需的各种装备。为了保证装备处于良好状态，应定期、及时对抢修所需装备进行维护检修及更新。

5.1.3　接到抢修报警后应迅速出动，并应根据事故情况联系有关部门协作抢修。抢修作业应统一指挥，服从命令，并应采取安全措施。

【条文说明】燃气事故发生后抢修人员及时到达现场，对于控制险情、防止事故扩大、避免次生灾害是非常重要的，因此城镇燃气供应单位在接到抢修报警后应迅速出动。

5.1.4　当发生中毒、火灾、爆炸事故，危及燃气设施和周围人身财产安全时，应协助公安、消防及其他有关部门进行抢救、保护现场和疏散人员。

5.1.5　当燃气厂站或管线发生较大事故处理完成后，应对燃气厂站或管线及存在类似风险的燃气设施进行全面安全评价。评价内容及方法应符合现行国家标准《燃气系统运行安全评价标准》GB/T 50811 的有关规定。

【条文说明】发生事故的设施，说明存在较为严重的隐患，存在类似风险的设施，也有可能存在隐患，因此在事故处理之后，还需要对存在类似风险的燃气设施的安全性能重新进行评价。燃气系统较大安全事故的确定，应遵守《生产安全事故报告和调查处理条例》(国务院令第 493 号）的规定，同时还应考虑造成重大社会影响、停气范围较大及其他严重后果等因素。

6.1.1　燃气设施的停气、降压、动火及通气等生产作业应建立分级审批制度。作业单位应制定作业方案和填写动火作业审批报告，并应逐级申报；经审批后应严格按批准方案实施。紧急事故应在抢修完毕后补办手续。

【条文说明】燃气设施的停气、降压、动火及通气等各项生产作业之前认真制定作业方案，对于保证生产作业的安全是非常重要的，作业方案一般应包括：①作业内容，如切线、接线、改线等，作业的具体位置、停气降压范围，应有作业草图；②采取的安全措施，如加盲板、吹扫置换、放散、现场监护、消防器材及人员配备等；③作业起止时间等；④应急方案等。作业方案应经过审批，主管领导、职能部门对作业方案提出审批意见。审批后严格按批准方案实施。严格执行作业方案是指实施作业过程应在方案批准的限定的时间内完成，如因故改期或方案有变化，一定要重新报批。

燃气供应单位对燃气设施的停气、降压、动火及通气等生产作业采取分级审批的管理制度，在安全生产环节发挥了重要作用。如果在实际工作中出现紧急事故的情况，不允许按部就班履行程序后动火作业的，可在事后补齐各种手续文件。

6.1.2　燃气设施停气、降压、动火及通气等生产作业应配置相应的作业机具、通信设备、防护用具、消防器材、检测仪器等。

6.1.3　燃气设施停气、降压、动火及通气等生产作业，应设专人负责现场指挥，并应设安全员。参加作业的操作人员应按规定穿戴防护用具。在作业中应对放散点进行监护，并应采取相应的安全防护措施。

【条文说明】燃气设施的停气、降压、动火及通气等生产作业危险性大，涉及施工安全和供气安全，因此应由有经验的生产技术人员指挥作业，并由安全员负责现场安全工作，检查落实各项安全措施，严禁违章操作。

6.1.4　城镇燃气设施动火作业现场，应划出作业区，并应设置护栏和警示标志。

【条文说明】燃气具有易燃易爆的特性，燃气设施具有分布广的特点，在燃气设施动火作业现场难免会有燃气泄漏，因此划出作业区，并对作业区实施严格管理是非常有必要的。在作业区周围设置护栏和警示标志对作业人员可起到保护作用，对路人、车辆等可起到提示作用，对作业安全也是必须采取的措施。

6.1.5　作业坑处应采取方便操作人员上下及避险的措施。

【条文说明】为了保证作业人员的安全，在作业方案中应考虑在意外情况下作业人员撤离现场的措施，如设置爬梯、甬道等。

6.1.6　停气、降压与置换作业时，宜避开用气高峰和不利气象条件。

【条文说明】为了将停气、降压与置换作业给用户带来的不便降至最低，保证停气与降压置换和放散的安全，选择停气与降压的时间宜避开用气高峰和雷电、大风、雨雪等不利气象条件。

7.1.1　液化石油气厂站内工艺设备、管道的密封点应无泄漏。对密封点的泄漏检查每月不得少于1次。

7.1.2　在生产区内因检修而必须排放液化石油气时，应通过火炬放散；放散燃烧时，现场操作应符合本规程第6.2.6条第4款和第5款的有关规定。

【条文说明】由于液化石油气有易在低洼处积聚的特性，为了防止污染环境和发生爆炸、火灾等事故，因此在排放时不能直接放入大气中，使用火炬放散比较安全。

7.1.3　液化石油气灌装、倒残等生产车间应通风良好。厂站内设置的燃气报警控制系统应工作正常，报警浓度应小于液化石油气爆炸下限的20%，并应按现行行业标准《城镇燃气报警控制系统技术规程》CJJ/T 146的有关规定进行定期检查。

【条文说明】液化石油气灌装、倒残等生产车间在生产过程中不可避免会有少量液化石油气泄漏，在厂站内重点部位设置燃气浓度报警器是非常必要的，可以为生产安全提供辅助的作用。燃气浓度报警器的检查周期、检查方法及合格标准在现行行业标准《城镇燃气报警控制系统技术规程》（CJJ/T 146—2011）中有明确规定。

7.1.4　液化石油气灌装单位应对气瓶建立档案，档案的管理应按国家有关规定执行。

【条文说明】《气瓶安全监察规定》规定，充装单位应当采用计算机对所充装的自有产权气瓶进行建档登记，并负责涂敷充装站标志、气瓶编号和盖充装站标志钢印。充装站标志应经省级质监部门备案。鼓励采用条码等先进信息化手段对气瓶进行安全管理。

第四章　燃气经营单位安全生产管理

燃气经营单位是生产经营活动的主体，也是安全生产工作责任的直接承担主体，按照安全生产有关法律法规的规定，履行安全生产职责，并对未履行安全生产职责导致的后果承担法律责任。燃气经营单位的主要负责人是本单位安全生产的第一责任人，对落实本单位安全生产主体责任全面负责。本章主要从安全管理体系和制度化建设、安全风险分级管控及隐患排查治理双重预防机制和应急管理体系等方面阐述燃气经营单位的主体责任。

第一节　安全管理体系和制度化建设

安全管理体系是通过建立一套符合法律法规和国家标准的安全管理框架，有效降低或消除风险，预防和控制各类事故发生，确保人员、设备、工作环境的安全。规章制度是企业安全管理的依据，建立健全规章制度，对提升工作效率、消除安全隐患具有重要作用，可以预防和减少事故的发生。企业应以全员安全生产责任制为核心，以规章制度为基础，以安全管理体系为抓手，落实企业安全生产主体责任，做好各项安全工作。

一、安全管理体系

燃气经营单位应构建安全管理体系，建立健全全员安全生产责任制，增强各层级人员的安全意识，领导应重视安全生产工作，积极采取措施，主动改善劳动条件，员工应遵守安全规章制度和操作规程，从而提高企业安全管理水平，实现企业安全方针和目标。城镇燃气行业目前所开展的安全管理体系主要有安全生产标准化、职业健康安全管理体系和安全文化建设。

（一）安全生产标准化

《企业安全生产标准化基本规范》（GB/T 33000—2016）中给出了企业安全生产标准化的定义：通过落实安全生产主体责任，全员全过程参与，建立并保持安全生产管理体系，全面管控生产经营活动各环节的安全生产与职业卫生工作，实现安全健康管理系统化、岗位操作行为规范化、设备设施本质安全化、作业环境器具定制化，并持续改进。安全生产标准化是以计划为基础，以目标为引领，以排查治理隐患为核心和抓手，以监控重大危险源为重点，开展的一系列活动，促使燃气经营单位不断达到更高的安全标准，提高安全生产整体水平。

安全生产标准化通过目标职责、制度化管理、教育培训、现场管理、安全风险管控及隐患排查治理、应急管理、事故管理和持续改进8个一级核心要素，分化为28个二级要素（1.1　目标、1.2　机构设置、全员参与、1.4　安全生产投入、1.5　安全文化建设、1.6　安全信息化建设；2.1　法规标准识别、2.2　规章制度、2.3　操作规程、2.4　记录管理、2.5　评估、2.6　修订；3.1　教育培训管理、3.2　人员教育培训、3.3　外来人员；4.1　设备设施管理、4.2　作业安全、4.3　职业健康、4.4　警示标志、4.5　安全风险管理；5.1　重大危险源辨识与管理、5.2　隐患排查治理；6.1　预测预警、6.2　应急准备、6.3　应急处置、6.4　应急评估；7.1　报告、7.2　调查与处理、7.3　管理；8.1　绩效评定、8.2　持续改进），遵循“PDCA”动态管理理念，即采用“策划、实施、检查、改进”动态循环模式，要求燃气经营单位结合自身的特点，建立并保持安全生产标准化系统，实现以安全生产标准化为基础的企业安全生产管理体系有效运行；通过自我检查、自我纠正和自我完善，及时发现和解决安全生产问题，建立安全绩效持续改进的安全生产长效机制，不断提高安全生产水平。

（二）职业健康安全管理体系

根据《职业健康安全管理体系　要求及使用指南》(GB/T 45001—2020)，职业健康安全管理体系为企业管理职业健康安全风险和机遇提供一个框架。职业健康安全管理体系的目的和预期结果是防止对工作人员造成与工作相关的伤害和健康损害，并提供健康安全的工作场所，因此对组织而言，采取有效的预防和保护措施以消除危险源和最大限度地降低职业健康安全风险至关重要。

职业健康安全管理体系以PDCA动态循环为运行模式，主要包括组织所处的环境、领导作用和工作人员参与、策划、支持、运行、绩效评价、改进7个核心要素，如图4-1所示。

职业健康安全管理体系为企业提供了一套控制风险的管理方法：通过专业的调查和评估以及对相关法律法规合规性的识别，找出企业服务、活动和工作环境中存在的危害，对不可接受的危害和风险制定适当的控制计划，实施控制计划，定期检查和评估职业健康安全法规和计划，建立包括组织结构、职责、培训、信息沟通、应急准备和响应在内的管理体系，不断提高职业健康安全绩效。

职业健康安全管理体系认证，分为初次认证、年度监督检查和复评认证等。初次认证审核包括两个阶段：第一阶段审核，主要是组织现场对企业的文件进行

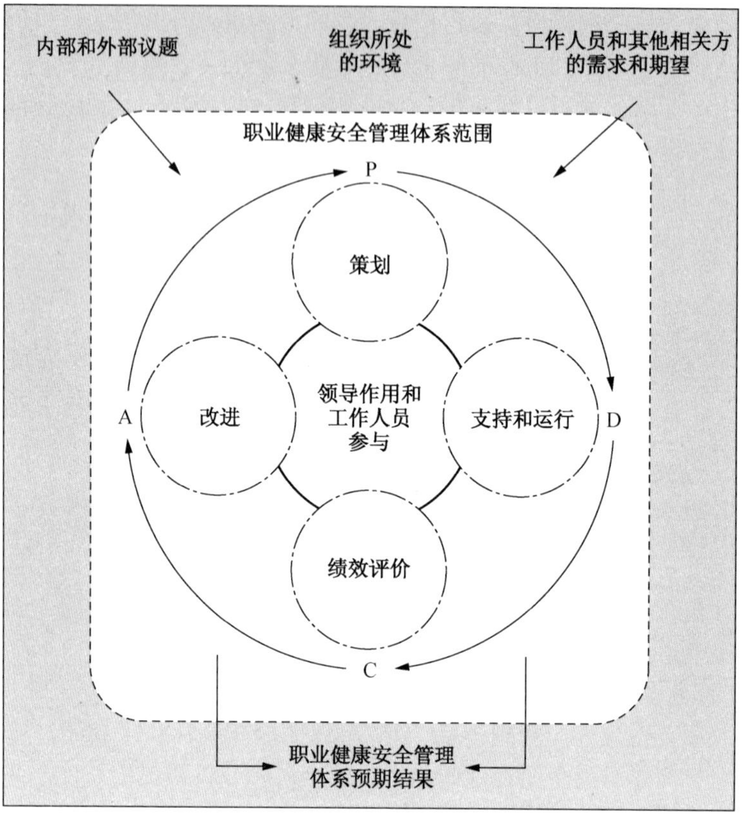

图 4－1　基于 PDCA 理念的职业健康安全管理体系核心要素

初步审查，是否符合认证资格，是实施正式现场审核（即第二阶段审核）的基础工作；第二阶段审核，通过对企业进行现场实地考察，验证管理手册、程序文件和作业指导书等一系列文件的实际执行情况，根据审核评审结果判断是否通过并给予认证。

认证证书有效期三年，三年内每年需要接受一次监督审核；三年后，企业要申请复审，重新注册获得证书，也就是复评认证。复评认证按照初次认证的第二阶段审核流程进行审核。

（三）安全文化建设

企业安全文化是指被企业组织的员工群体所共享的安全价值观、态度、道德和行为规范组成的统一体。企业安全文化建设是指通过综合的组织管理等手段，使企业的安全文化不断进步和发展的过程。

安全生产是安全文化的灵魂，企业在安全文化建设过程中，应充分考虑自身内部和外部的文化特征，引导全体员工的安全态度和安全行为，实现在法律和政府监管要求之上的安全自我约束，通过全员参与实现企业安全生产水平持续进步。企业安全文化建设的总体模式，如图 4－2 所示。

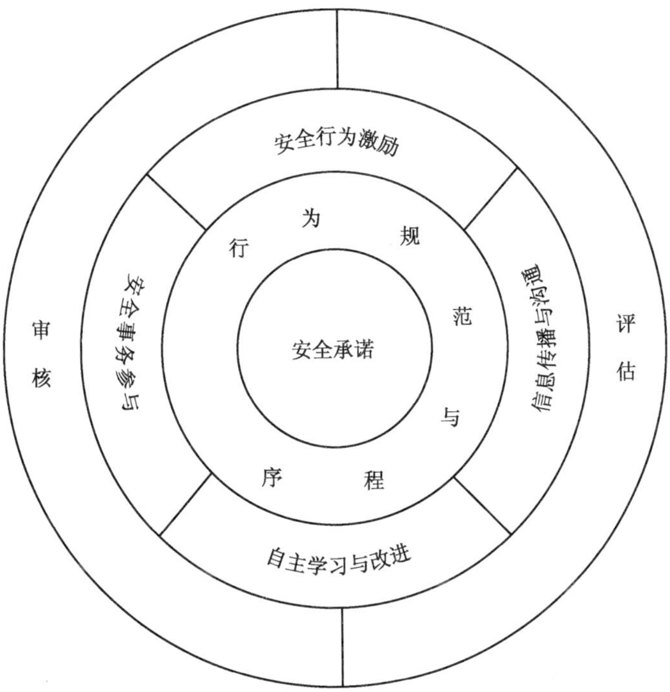

图 4－2　企业安全文化建设的总体模式图

企业可以按照《企业安全文化建设导则》(AQ/T 9004—2008）和《企业安全文化建设评价准则》(AQ/T 9005—2008)，结合当地政府标准，开展安全文化建设，申请“安全文化建设示范企业”。北京市企业可根据《关于印发〈北京市安全文化建设示范企业（集团）管理办法〉的通知》(京应发〔2020〕13 号)、《关于修订印发〈北京市安全文化建设示范企业（集团）评定标准〉的通知》(京应发〔2020〕12 号）相关要求开展安全文化建设。通过开展安全文化建设示范企业创建工作，促进企业安全管理工作规范化、制度化和科学化，推动职工安全意识和安全技能进一步增强，自我保护能力进一步提升，不断夯实安全生产基层基础工作，落实企业安全生产主体责任。

安全文化建设示范企业创建工作每年考评一次。2024 版《北京市安全文化建设示范企业（集团）评定标准》中评价指标分为 3 类指标，其中Ⅰ类指标 1 个（二级指标 3 个），为否决项，不参与评分，若不合格，不能申报“安全文化示范企业”；Ⅱ类指标 11 个（二级指标 51 个），满分 1000 分，若二级指标出现 0 分或者总分低于 270 分，不能申报“安全文化示范企业”；Ⅲ类指标 1 个（二级指标 5 个），满分 30 分。按Ⅱ、Ⅲ类指标得分总和依次排序，高分的企业优先申报。

（四）安全生产标准化、职业健康安全管理体系和安全文化的关系

1. 安全生产标准化和职业健康安全管理体系的关系

1）安全生产标准化和职业健康安全管理体系的理念一致

安全生产标准化和职业健康安全管理体系都是遵循 PDCA 动态循环模式，帮助规范企业的安全生产和职业健康安全管理活动，消除或减少人员在生产过程中的事故发生率，控制安全风险。

2）安全生产标准化和职业健康安全管理体系的侧重点不同

（1）安全生产标准化是为了贯彻国家法规、标准而实施的。安全生产标准化要求企业具有健全、科学的安全生产责任制、规章制度与操作规程，并通过实施严格管理，使企业各个生产岗位、生产环节的安全质量工作符合有关安全生产法律法规、标准规范要求，使生产始终处于安全状态，以适应企业发展的需要，满足广大从业人员对自身安全和文明生产的愿望。2004 年，国务院颁布的《国务院关于进一步加强安全生产工作的决定》（国发〔2004〕2 号）提出了在全国范围内开展安全生产标准化活动的要求，煤矿、非煤矿山、危险化学品、烟花爆竹、冶金、机械等行业领域均开展了安全生产标准化建设工作。国务院颁布的《国务院关于进一步加强企业安全生产工作的通知》（国发〔2010〕23 号）明确指出，全面开展安全达标，深入开展以岗位达标、专业达标和企业达标为内容的安全生产标准化建设，凡在规定时间内未实现达标的企业要依法暂扣其生产许可证、安全生产许可证，责令停产整顿；对整改逾期未达标的，地方政府要依法予以关闭。从该角度讲，安全生产标准化在某种程度上带有政府的强制性，职业健康安全管理体系是企业自愿行为。

（2）职业健康安全管理体系是一套企业管理的行为和程序，表达了组织对职业健康安全进行管理的思想和规范。职业健康安全管理体系主要强调系统化的健康安全管理思想，通过建立一整套职业健康安全保障机制，控制和降低职业健康安全风险，最大限度地减少安全事故和职业危害。安全生产标准化是一项标准，分为基础管理评价、现场设备设施安全评价、作业环境与职业健康评价3部分，对每项管理活动、每台设备、每个作业环境的评价都有明确的量值规定，据此判定企业是否达到安全生产标准。职业健康安全管理体系对认证没有强制要求，安全生产标准化对认证有强制要求。

（3）职业健康安全管理体系适用于所有行业，旨在使组织能够控制职业健康安全风险并提升绩效，并未提出具体的绩效准则，也未作出设计管理体系的具体规定，即无论这个企业是否为事故多发、频发企业，都可以建立职业健康安全管理体系。安全生产标准化要求企业必须在一定时间内通过该行业的安全生产标准化评审，并经专门机构评审，以及政府部门批准，方可通过。

（4）职业健康安全管理体系侧重体系文件建设，安全生产标准化侧重现场设备设施达标。职业健康安全管理体系需要有体系文件进行支撑，体系中各个要素需要体系文件作为管理和支撑基础，如危险源辨识与评价、法律法规的识别与获取等。安全生产标准化注重的是现场设备设施的达标，体系文件建设虽然是达标的一部分，但占比很小，关键是现场设备设施是否达标。

（5）职业健康安全管理体系重点关注的是人的安全和健康，安全生产标准化关注的是与安全有关的人、财、物。对人的安全和健康的关注是职业健康安全管理体系的目标和重点，以人为本，从关注人的安全扩展到关注人的健康，即从关注职业病发展到关注职业伤害，从关注人的行为健康发展到关注人的心理健康。安全生产标准化关注安全的各个方面：人的伤害、物的损耗、财产的损失，只要是与安全相关的损害都是安全生产标准化所关注的。

没有建立职业健康安全管理体系的企业，在开展安全标准化基础上，通过文件化和监控程序，完成体系的建立工作。已建立职业健康安全管理体系的企业，开展安全标准化，能完善程序文件，增强其操作性，把体系运行效果提高到更高层次。

2. 安全管理体系和安全文化的关系

安全生产标准化、职业健康安全管理体系等安全管理体系是通过一系列措施判断安全问题，协调组织管理工作，实现安全目标的过程。安全管理强调规范执行，协调组织和措施实施。安全文化是企业在实现企业宗旨、履行企业使命而进行的长期管理活动和生产实践过程中，积累形成的全员性的安全价值观或安全理念、员工职业行为中所体现的安全性特征以及构成和影响社会、自然、企业环境、生产秩序的企业安全氛围等的总和。

安全管理与安全文化是相辅相成的。安全管理强调程序和规范的执行，而安全文化则培养员工对安全的信念和行为准则。企业应综合运用两者，形成安全管理体系和强大的安全文化，以确保安全目标的全面实现。安全文化是企业安全管理的重要组成部分，只有建立了良好的安全文化，才能有效预防事故发生，保障员工的生命财产安全。

二、安全生产规章制度

建立健全安全生产规章制度是企业的法定责任，是落实企业主体责任的具体体现，是安全生产工作的重要保障，是保护从业人员安全与健康的重要手段。燃气生产经营单位的安全生产规章制度一般可分为综合安全管理制度、人员安全管理制度、设备设施安全管理制度和环境安全管理制度四大类。

安全生产工作必须坚持“安全第一、预防为主、综合治理”的方针，企业应当结合实际，建立健全符合企业自身的安全生产规章制度，广泛征求从业人员的意见和建议，规范安全管理工作。燃气经营单位应当建立健全包含且不限于以下规章制度：①全员安全生产责任制；②安全生产目标管理（指标/总体原则）；③安全管理定期例行工作制度（安全会议、安全检查）；④安全设施和费用管理制度；⑤安全教育培训管理；⑥个体防护装备管理；⑦安全风险分级管理；⑧隐患排查治理；⑨应急管理（预案、演练）；⑩事故管理（事故调查、统计）；⑪建设项目安全设施“三同时”管理；⑫设备设施安全管理（包含“三同时”、特种设备）；⑬燃气厂站运行管理；⑭燃气管网运行管理；⑮燃气供应调度管理；⑯用户燃气设施管理；⑰用户燃气安全检查；⑱燃气安全宣传；⑲危险作业管理；⑳特种作业人员管理；㉑相关方安全管理；㉒绩效评定管理；㉓其他管理规定。

三、全员安全生产责任制及落实

安全生产责任制是根据我国的安全生产工作方针和安全生产法律法规建立的各级领导、职能部门、工程技术人员、岗位操作人员在劳动生产过程中对安全生产层层负责的制度。安全生产责任制是落实我国安全生产工作方针和有关安全生产法律法规的具体要求，对预防事故和减少损失、进行事故调查和处理、建立和谐社会等具有重要作用。

（一）全员安全生产责任制

全员安全生产责任制是企业岗位责任制的一个组成部分，是保障生产经营单位安全生产的基本制度，也是企业安全生产、劳动保护管理制度的核心。

1. 燃气经营单位主要负责人的职责

依据《中华人民共和国安全生产法》第二十一条的规定，燃气经营单位的主要负责人对本单位安全生产工作负有下列职责。

（1）建立健全并落实本单位全员安全生产责任制，加强安全生产标准化建设。

（2）组织制定并实施本单位安全生产规章制度和操作规程。

（3）组织制定并实施本单位安全生产教育和培训计划。

（4）保证本单位安全生产投入的有效实施。

（5）组织建立并落实安全风险分级管控和隐患排查治理双重预防工作机制，督促、检查本单位的安全生产工作，及时消除生产安全事故隐患。

（6）组织制定并实施本单位的生产安全事故应急救援预案。

（7）及时、如实报告生产安全事故。

2. 燃气经营单位安全管理机构和安全管理人员的职责

依据《中华人民共和国安全生产法》第二十五条的规定，燃气经营单位的安全生产管理机构以及安全生产管理人员应履行下列职责。

（1）组织或者参与拟订本单位安全生产规章制度、操作规程和生产安全事故应急救援预案。

（2）组织或者参与本单位安全生产教育和培训，如实记录安全生产教育和培训情况。

（3）组织开展危险源辨识和评估，督促落实本单位重大危险源的安全管理措施。

（4）组织或参与本单位应急救援演练。

（5）检查本单位的安全生产状况，及时排查生产安全事故隐患，提出改进安全生产管理的建议。

（6）制止和纠正违章指挥、强令冒险作业、违反操作规程的行为。

（7）督促落实本单位安全生产整改措施。

燃气经营单位可以设置专职安全生产分管负责人，协助本单位主要负责人履行安全生产管理职责。

3. 燃气经营单位其他负责人和从业人员的职责

1）燃气经营单位各职能部门负责人及其工作人员

燃气经营单位各职能部门负责人的职责是按照本部门的安全生产职责，组织有关人员做好本部门安全生产责任制落实，并对本部门职责范围内的安全生产工作负责；按照“谁主管谁负责”的原则对分管或者负责的部门担负直接领导责任；制定分管领域或者本部门年度安全生产工作规划，并抓好落实；经常组织分管领域的安全生产检查，及时消除安全隐患；定期组织分管部门开展应急救援演练；按照生产经营单位的规章制度做好本部门的其他安全生产工作。管生产经营必须管安全，落实一岗双责。

燃气经营单位各职能部门的工作人员的职责，就是在本人职责范围内做好生产工作同时，并依法履行安全生产方面的义务，严格落实岗位安全责任，服从管理，正确佩戴和使用劳动防护用品。接受安全生产教育和培训，掌握本职工作所需的安全生产知识，提高安全生产技能，熟悉并遵守有关的安全生产规章制度和安全操作规程，掌握本岗位的安全操作技能，了解事故应急处理措施，增强事故预防和应急处理能力。发现事故隐患或者其他不安全因素，应当立即向现场安全生产管理人员或者本单位负责人报告。做好有关安全生产工作，并对自己职责范围内的安全生产工作负责。

2）班组长

班组是做好燃气经营单位安全生产工作的关键，班组长全面负责本班组的安全生产工作，是安全生产法律法规和规章制度的直接执行者。班组长的主要职责是贯彻执行本单位对安全生产的规定和要求，督促本班组遵守有关安全生产规章制度和安全操作规程，切实做到不违章指挥，不违章作业，遵守劳动纪律。

3）岗位从业人员

岗位从业人员对本岗位的安全生产负直接责任。岗位从业人员的主要职责是接受安全生产教育和培训，遵守有关安全生产规章制度和操作规程，遵守劳动纪律，不违章作业。

（二）安全生产责任制的落实

1. 建立健全全员安全生产责任制

生产经营单位应依法履行安全生产主体责任，按照企业岗位职责，按照“三管三必须”要求，建立健全全员安全生产责任制，明确各层级和个人岗位安全生产责任和责任范围，制定可操作、可量化的安全生产责任行为清单，构建明职知责、履职尽责、失职追责的全员安全生产责任体系，解决不会履职、职责不清问题，确保全员安全生产责任制可落实、可执行、可考核、可追溯。

2. 加强教育培训

燃气经营单位要把安全生产责任制培训作为安全生产培训的重要内容，针对不同层次、岗位，制定科学的培训计划，让每个员工了解自身安全职责，增强安全意识和自我防范能力。

3. 加强监督与考核机制

相较安全生产责任制的建立，更重要的是落实。因此，燃气经营单位要定期进行监督检查落实情况，及时制止纠正并督促履职不到位的情况，督促安全生产责任的有效落实。

制定并落实全员安全生产责任监督考核机制，对员工的安全生产职责和落实情况进行考核和评价，对于安全生产工作表现优秀的员工和管理人员，给予适当奖励和表彰，激发全员参与安全生产工作的积极性和主动性。对于弄虚作假、未认真履行安全生产职责或者存在重大事故隐患、发生生产安全事故等超出责任制考核标准要求的，给予严惩。不落实岗位安全责任，不服从管理，违反安全生产规章制度或者操作规程的，给予批评教育，依照有关规章制度给予处分；构成犯罪的，依照刑法有关规定追究刑事责任。

4. 持续改进

燃气经营单位应根据全员安全生产责任落实以及安全绩效评定情况，客观分析安全生产责任制制定和执行的有效性，及时调整完善全员安全生产责任制内容，持续改进，不断提高安全生产绩效。

落实安全生产责任制是企业安全生产的基础，也是企业防范事故的有效途径。必须把建立完善的制度体系放在首位，把教育培训作为长期任务，把监督考核作为重要保障，才能够确保企业安全生产工作的顺利进行，预防和减少安全事故的发生。

第二节　安全风险分级管控及隐患排查治理双重预防机制

2021 年 9 月修订的《中华人民共和国安全生产法》将安全风险分级管控和隐患排查治理双重预防机制建设纳入生产经营单位安全生产法定职责。通俗来讲，安全风险分级管控及隐患排查治理双重预防机制是防止事故发生的两道防火墙，第一道是管风险，第二道是管隐患。安全风险管控到位就不会形成事故隐患，隐患一经发现及时治理就不可能酿成事故。通过双重预防的工作机制，切实把每一类风险都控制在可接受范围内，把每一个隐患都治理在形成之初，把每一起事故都消灭在萌芽状态。

一、风险辨识管控

以安全风险辨识和管控为基础，从源头上系统辨识风险、分级管控风险，努力把各类风险控制在可接受范围内，杜绝和减少事故隐患。

（一）风险点辨识与确定

遵循大小适中、便于分类、功能独立、易于管理、范围清晰的原则划分风险点；按生产或工作流程的阶段、场所、装置、设施、作业活动或上述几种方式的结合进行风险点排查，确定风险点名称、所在位置、可能导致事故类型等内容的基本信息，编制作业活动和设备设施清单。

（二）危险源辨识

燃气经营单位应组织所有部门、班组、岗位人员对所有风险点内存在的设备设施和作业活动进行危险源辨识与分析。

在辨识过程中，充分考虑分析过去、现在和将来“三种时态”和正常、异常和紧急“三种状态”下的危险有害因素，分析危害出现的条件和可能发生的事故。根据危险源辨识情况，列出生产经营过程可能发生的所有事故类型，以及每种事故可能发生的部位或岗位风险点名称，完成潜在事故风险类型统计表。

对于燃气经营单位而言，重大危险源是指长期地或临时地生产、储存、使用和经营危险化学品，且危险化学品的数量等于或超过临界量的单元，甲烷（天然气）的临界量是50 t，液化石油气（含丙烷、丁烷及其混合物）的临界量是50 t。城市燃气行业重大危险源辨识范围主要包括储罐区（图4－3、图4－4）、天然气厂站、加气站（图4－5）、燃气管道（图4－6）等。燃气储罐以及其他容器、设备或仓储区的燃气的实际存在量按设计最大量确定。

图4－3　LNG储罐

图4－4　天然气球罐

图4－5　加气站

图4－6　燃气管道

（三）风险评估与分级

选用适当的风险评估方法，依据统一标准对各风险点危险源的固有风险和采取现有管控措施后的现有风险进行评估。

风险等级从高到低依次划分为重大风险、较大风险、一般风险和低风险，分别采用红、橙、黄、蓝四种颜色表示，如图4-7所示。

图4-7　不同风险等级的颜色

（四）安全风险图

燃气企业要依据安全风险类别和等级建立企业安全风险数据库，绘制企业“红橙黄蓝”四色安全风险空间分布图（简称安全风险图）。风险等级一定程度上取决于严重程度等级和可能性等级。一般风险等级可先采用作业条件危险性分析法——LEC法进行分析，$D=LEC$，其中D为危险性、L为事故事件发生的可能性、E为暴露于危险环境的频繁程度、C为发生事故事件偏差产生后果的严重性，如图4-8所示，再根据分解结果绘制安全风险图。

严重程序等级 / 可能性等级		一般	较大	重大	特大
		1	2	3	4
很可能	4	高度Ⅲ	高度Ⅲ	极高Ⅳ	极高Ⅳ
可能	3	中度Ⅱ	高度Ⅲ	高度Ⅲ	极高Ⅳ
偶然	2	中度Ⅱ	中度Ⅱ	高度Ⅲ	高度Ⅲ
不太可能	1	低度Ⅰ	中度Ⅱ	中度Ⅱ	高度Ⅲ

图4-8　作业条件危险性分析法——LEC法

L、E、C 及 D 的取值可根据表 4－1 ~ 表 4－4 判断。

表 4－1　事故事件发生的可能性（L）判定准则

分值	事故事件或偏差发生的可能性
10	完全可以预料
6	相当可能；危害的发生不能被发现（没有监测系统）；在现场没有采取防范、监测、保护、控制措施；在正常情况下经常发生此类事故、事件或偏差
3	可能，但不经常；危害的发生不容易被发现；现场没有检测系统或保护措施（如没有保护装置、没有个人防护用品等），也未作过任何监测；未严格按操作规程执行；在现场有控制措施，但未有效执行或控制措施不当；危害在预期情况下发生
1	可能性小，完全意外；危害的发生容易被发现；现场有监测系统或曾经做过监测；过去曾经发生类似事故、事件或偏差；在异常情况下发生过类似事故、事件或偏差
0.5	很不可能，可以设想；危害一旦发生能及时发现，并能定期进行监测
0.2	极不可能：有充分、有效的防范、控制、监测、保护措施；员工安全卫生意识相当高，严格执行操作规程
0.1	实际不可能

表 4－2　暴露于危险环境的频繁程度（E）判定准则

分值	频繁程度	分值	频繁程度
10	连续暴露	2	每月一次暴露
6	每天工作时间暴露	1	每年几次暴露
3	每周一次或偶然暴露	0.5	非常罕见地暴露

表 4－3　发生事故事件偏差产生后果严重性（C）判定准则

分值	法律法规及其他要求	人员伤亡	直接经济损失/万元	停　工	公司形象
100	严重违反法律法规和标准	10 人以上死亡，或 50 人以上重伤	5000 以上	公司停产	重大国际、国内影响
40	违反法律法规和标准	3 人以上 10 人以下死亡，或 10 人以上 50 人以下重伤	1000 以上	装置停工	行业内、省内影响

表4-3（续）

分值	法律法规及其他要求	人员伤亡	直接经济损失/万元	停工	公司形象
15	潜在违反法规和标准	3人以下死亡，或10人以下重伤	100以上	部分装置停工	地区影响
7	不符合上级或行业的安全方针、制度、规定等	丧失劳动力、截肢、骨折、听力丧失、慢性病	10万以上	部分设备停工	公司及周边范围
2	不符合公司的安全操作程序、规定	轻微受伤、间歇不舒服	1万以上	1套设备停工	引人关注，不利于基本的安全卫生要求
1	完全符合	无伤亡	1万以下	没有停工	形象没有受损

注：以上包括本数，以下不包括本数。

表4-4 风险等级判定准则（D）及控制措施

风险值	风险等级		应采取的行动/控制措施	实施期限
>320	A/1级	极其危险	在采取措施降低危害前，不能继续作业，对改进措施进行评估	立刻
160~320	B/2级	高度危险	采取紧急措施降低风险，编制运行控制程序，定期检查、测量及评估	立即或近期整改
70~160	C/3级	显著危险	可考虑建立目标、制定操作规程，加强培训及沟通	2年内治理
0~70	D/4级	轻度危险	可考虑制定操作规程、作业指导书，但需定期检查	有条件、有经费时治理

安全风险图包括风险分布图和作业安全风险比较图。风险分布图包括固有风险分布图和采取了目前管控措施后的现有风险分布图。典型的燃气设施四色图如图4-9~图4-12所示。

从图4-9~图4-12可以看出，制作清晰的安全风险四色图，风险可视化和网格化呈现，所有的风险一目了然，能提高人们防范意识。重大风险、较大风险、一般风险和低风险依次划分，有助于风险分级管控，对不同等级的安全风

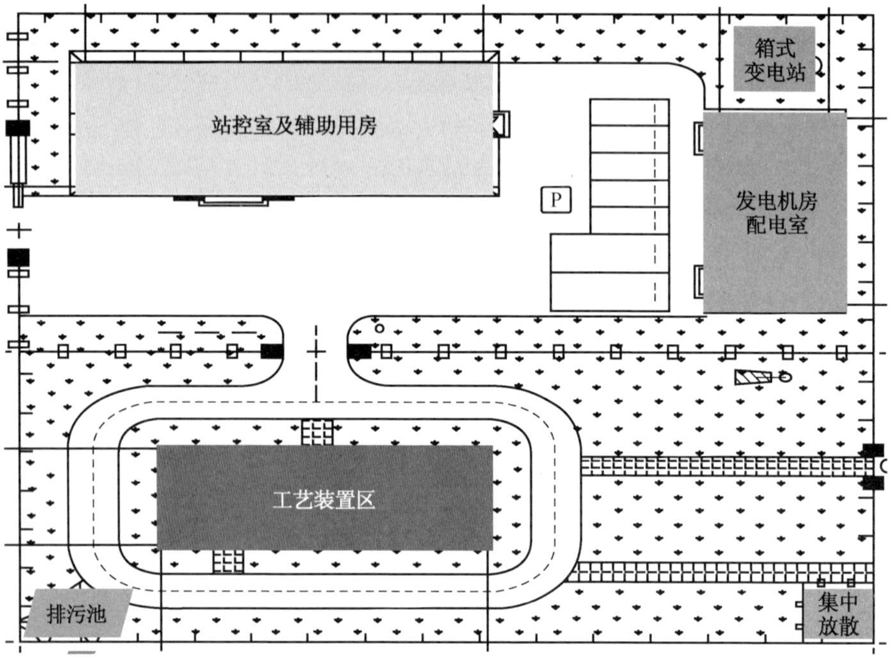

图 4-9　门站区四色图

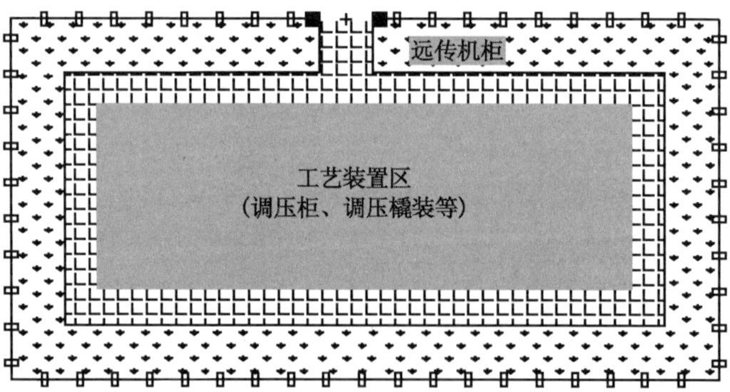

图 4-10　调压橇、调压柜区四色图

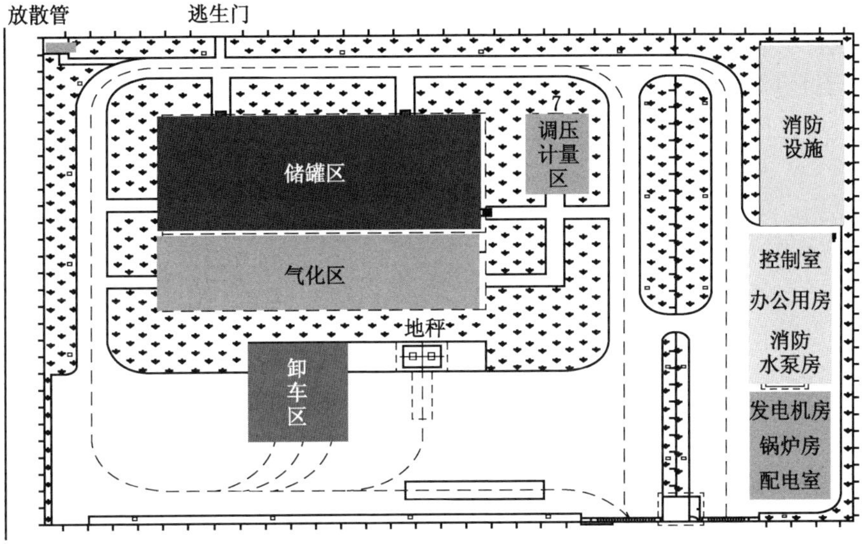

图4-11　LNG储配站四色图

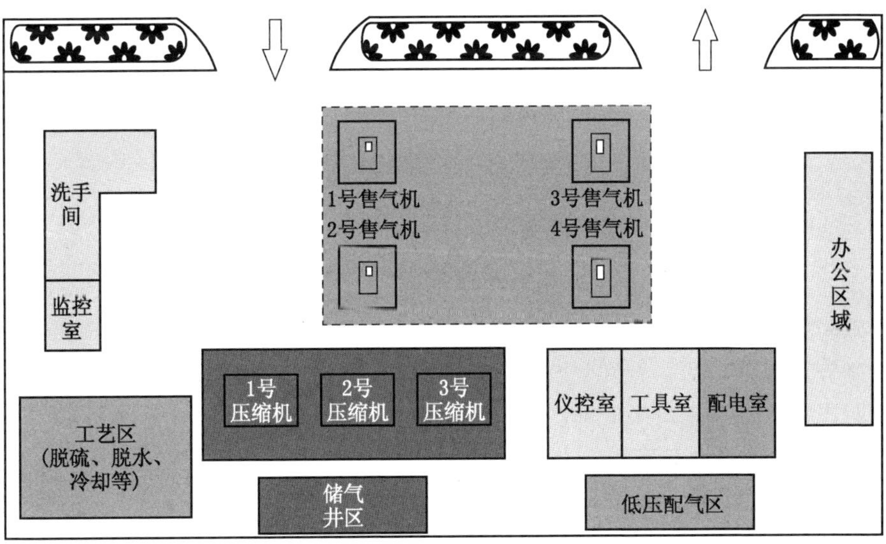

图4-12　CNG加气站四色图

险，采取有针对性的管控措施，确保安全风险始终处于受控范围内，风险四色图是企业开展风险分级管控和隐患排查治理双重预防机制的基础，也是重中之重。

（五）风险管控清单

每一轮风险辨识和评估后，应编制包括全部风险点各类风险信息的风险分级管控清单，并按规定及时更新。清单内容包括风险点、所在位置或设备号、潜在事故类型、风险等级、预警色、管控措施、责任部门、责任人等。

措施清单：从工程技术措施、管理措施、应急措施等方面，针对辨识出的危险源，结合各单位实际情况编制风险管控措施清单。对于现有风险为较大及以上的风险点，必须补充现有管控措施，以确保风险可控。控制措施需经过公司评核，具有可操作性并得到有效落实。

责任清单：根据固有风险分级情况确定风险点的管控层级、责任单位、责任人和责任内容。

（六）风险告知

燃气经营单位要在完成风险辨识评估分级的基础上，进行安全生产风险公告，告知内部员工和相关方安全生产风险基本情况和防范措施。安全生产风险告知宜采用教育培训、告知卡、公告栏、二维码、手册等方式。一般组织各层级、各岗位进行风险评价结果的告知培训，以岗位安全风险及防控措施、应急处置方法为主。

固有风险为较大及以上的风险点均要在醒目位置制作安装风险公告栏或岗位安全风险告知卡，内容至少包括风险点名称、固有风险等级、现有风险等级、管控层级、责任单位、管控责任人、岗位责任人、主要危险因素、潜在事故风险类型、警示标志、管控措施、应急措施及报告方式等。

二、隐患排查治理

生产经营单位是事故隐患排查、治理的责任主体。经常性开展安全隐患排查，以隐患排查和治理为手段，认真排查风险管控过程中出现的缺失、漏洞和风险控制失效环节，切实做到整改措施、责任、资金、时限和预案“五到位”，坚决把隐患消灭在事故发生之前。

（一）隐患排查方式

燃气经营单位应在安全风险分级管控的基础上，编制隐患排查清单，制定排查周期和计划，对所存在的危险源开展全覆盖的隐患排查治理工作；应将存在重大安全风险和较大安全风险的场所、环节、部位及其管控措施作为隐患排查治理工作的重点。

安全风险隐患排查形式包括日常排查、综合性排查、专业性排查、季节性排查、重点时段及节假日前后排查等。

（二）隐患分级

按照《安全生产事故隐患排查治理暂行规定》（安监总局令第 16 号），隐患是指生产经营单位违反安全生产法律、法规、规章、标准、规程和安全生产管理制度的规定，或者因其他因素在生产经营活动中存在可能导致事故发生的物的危险状态、人的不安全行为和管理上的缺陷。事故隐患分为一般事故隐患和重大事故隐患。燃气重大事故隐患判定执行《住房城乡建设部关于印发城镇燃气经营安全重大隐患判定标准的通知》（建城规〔2023〕4 号）判定标准。

（三）隐患治理

隐患存在单位在实施隐患治理前应当对隐患存在的原因进行分析，参考治理建议制定可靠的治理措施并落实，隐患治理分为一般隐患治理和重大隐患治理。

一般事故隐患，能够立即排除的，生产经营单位应当立即排除；不能立即排除的，生产经营单位应当在规定期限内排除。由燃气经营单位的部门、班组、岗位等单位负责人或者有关人员及时组织整改。

重大事故隐患辨识出来后，应当重点评估整改措施的可行性和可达性，如果措施施加后依然没法有效降低风险或者措施成本太高无法有效落实的，必须评估持续生产带来的事故风险，必要时就得停工停产。能够立即排除的，生产经营单位应当立即排除；不能立即排除的，应当及时组织制定并实施重大事故隐患治理方案，在规定期限内排除。由燃气经营单位主要负责人组织制定并实施事故隐患治理方案。

事故隐患治理过程中，应当采取相应的安全防范措施，防止事故发生。事故隐患排除前或者排除过程中无法保证安全的，应当从危险区域内撤出作业人员，并疏散可能危及的其他人员，设置警示标志，暂时停产停业或者停止使用相关设施、设备；对暂时难以停产或者停止使用的相关设施、设备，应当加强维护保养和监测监控，防止事故发生。重大事故隐患治理完毕后，应当对治理效果组织验收。

（四）隐患整改反馈及验收

隐患存在部门在规定的期限内完成整改后以书面报告形式把治理的措施、整改后图片反馈给隐患整改通知下发部门；未能及时整改完成的应说明原因和当前采取的安全防范措施，并与整改通知下发部门协同解决。整改完成后，应组织对隐患整改效果进行验收。

（五）文档管理

隐患排查治理计划、实施及持续改进过程中，应完整保存体现隐患排查全过程的记录资料，并分类建档管理。文档应包括隐患排查治理制度、隐患排查治理台账、隐患排查项目清单等。

重大事故隐患排查、评估记录，隐患整改复查验收记录等，应单独建档管理。

三、风险辨识与隐患排查的关系

风险辨识，是识别潜在的危险有害因素，侧重认知固有风险及危险有害因素；要定期开展风险辨识，同时在工艺技术、设施设备及组织管理机构发生变化时也要开展风险辨识。隐患排查，是排查已形成的危险有害条件，侧重各项措施生命周期过程管理；要全时段、全天候开展隐患排查，随时发现技术措施、管理措施的漏洞和薄弱环节。风险辨识与隐患排查的工作对象都要涵盖人、机、环、管各个方面，工作主体都要求全员参与。

安全风险分级管控是隐患排查治理的前提和基础，通过强化安全风险分级管控，从源头上消除、降低或控制相关风险，进而降低事故发生的可能性和后果的严重性。隐患排查治理是安全风险分级管控的强化与深入，通过隐患排查治理工作，查找风险管控措施的失效、缺陷或不足，采取措施予以整改，同时分析、验证各类危险因素辨识评估的完整性和准确性，进而完善风险分级管控措施，减少或杜绝事故发生的可能性。两者相辅相成、相互促进。

第三节 应急管理体系

随着全国城镇的发展与建设，燃气管网及设施数量不断增加。但是，管道老化腐蚀、第三方的破坏、自然灾害、燃气用户安全用气知识水平参差不齐，风险点多面广，燃气事故时有发生。燃气具有易燃易爆特性，一旦泄漏便迅速扩散至周边环境，若燃气在相对封闭的空间聚集，再遇明火、电气火花等点火源极易引发火灾、爆炸等突发事故，如果处置不及时、应对不力，就会导致人民生命财产的重大损失。因此，燃气企业建立健全应急体系，及时有效地处置燃气突发事件、防范燃气突发事件的发生和升级，全面开展应急机制、制度、预案、队伍、装备、保障、救援等具体维度的工作是非常重要且必要的。本节从应急预防与准备、监测与预警、应急响应与处置和生产与社会秩序恢复四部分阐述燃气企业的应急工作。

一、应急预防与准备

“预防为主，常备不懈”。预防与应急准备是应急管理的第一步。

（一）应急组织与制度

1. 应急工作领导小组

统一领导燃气企业应急管理工作，为应急日常管理机构。由企业有关负责人担任组长，各部门或各单位负责人为成员，确保实施、保持和持续改进应急管理体系。

2. 应急指挥组织

包括应急指挥中心及应急专业小组，由应急指挥中心统一协调所有参与应急救援的队伍和人员，实施应急抢险，并及时向政府有关部门、燃气监管机构报告事故及现场处置情况。各应急专业小组承担不同的应急职责与任务，分工协作开展相关工作，包括应急抢险、警戒疏散、专家技术、通信联络、新闻发布、后勤保障、善后处理等。

3. 应急管理制度

燃气企业应依据法律，建立符合国家要求、行业标准的应急管理制度，包括应急组织中人员及各单位职责、信息报送制度、应急装备物资管理制度、监测预警制度、应急队伍建设管理制度、应急协调决策指挥制度等。

（二）应急预案

应急预案是为依法迅速科学有序应对突发事件，最大程度减少突发事件及其造成的损害而预先制定的工作方案，是突发事件应急抢险活动的行动指南，有利于快速、有序、高效地实施应急行动。应急预案按突发事件类型可划分为自然灾害应急预案、事故灾难应急预案、公共卫生事件应急预案和社会安全事件应急预案。生产经营单位的生产安全事故预案按适用范围划分为综合应急预案、专项应急预案和现场处置方案三类，生产经营单位依照《生产经营单位生产安全事故应急预案编制导则》（GB/T 29639—2020）进行编制，还可编制简明实用的应急处置卡。应急预案要做好备案、与上级预案衔接、及时维护和更新。

1. 应急预案的分类分级

1）应急预案的分级

按照制定主体划分，应急预案分为政府及其部门应急预案、单位和基层组织应急预案两大类。政府及其部门应急预案包括总体应急预案、专项应急预案、部门应急预案等。单位和基层组织应急预案包括企事业单位、村民委员会、居民委员会、社会组织等编制的应急预案。

2）应急预案的分类

（1）按突发公共事件类型划分：①自然灾害，主要包括水旱灾害、气象灾害、地震灾害、地质灾害、海洋灾害、生物灾害和森林草原火灾等；②事故灾难，主要包括工矿商贸等企业的生产安全事故、交通运输事故、公共设施和设备事故、环境污染和生态破坏事件等；③公共卫生事件，主要包括传染病疫情、群体性不明原因疾病、食品安全和职业危害、动物疫情，以及其他严重影响公众健康和生命安全的事件；④社会安全事件，主要包括恐怖袭击事件、经济安全事件和涉外突发事件等。针对每一大类突发公共事件下不同具体种类的事件，分别编制应急预案。

（2）按单位性质和责任主体划分：政府应急预案（场外预案）、生产经营单位应急预案（场内、现场预案）。

（3）按预案功能和适用对象范围划分：综合应急预案、专项应急预案和现场处置方案。综合应急预案是突发事件应急预案体系的总纲，明确各类突发事件分级分类和应急预案框架体系，规定应对突发事件的组织指挥体系、工作机制等内容，是指导预防和处置各类突发事件的总体规范性文件。专项应急预案主要是为应对某一类型或某几种类型突发事件而制定的涉及数个部门职责的应急预案，目的是规范某一类型或某几种类型突发事件的应急管理和应急响应程序，及时有效地实施应急救援工作，最大限度地减少人员伤亡、财产损失，维护人民群众的生命安全和社会稳定。现场处置方案是针对具体的装置、场所或设施、岗位所制定的应急处置措施，具体、简单、针对性强。燃气供应单位还可针对工作场所、岗位的特点，编制简明、实用、有效的应急处置卡。

2. 应急预案的编制

1）编制原则

燃气供应单位应急预案的编制，遵循以人为本、依法依规、符合实际、注重实效的原则，应符合以下基本要求。

（1）符合国家和地方与应急管理相关的法律法规的规定。

（2）符合本地区、燃气供应单位的安全生产实际情况。

（3）依据本地区、燃气供应单位的风险评估及危险性分析情况。

（4）应急组织和人员的职责分工明确，并有具体的落实措施。

（5）有明确具体的应急程序和处置措施，并与其应急能力相适应。

（6）有明确的应急保障措施，并能满足燃气供应单位的应急工作要求。

（7）预案基本要素齐全完整，预案附件提供的信息准确。

（8）预案内容与相关应急预案相互衔接，避免相互冲突。

2）编制步骤

（1）成立预案编制小组。

（2）收集资料，包括法律法规、事故案例、管理文件、关联应急预案等。

（3）风险识别与评估。

（4）应急资源调查评估。

（5）文本编制。

（6）桌面推演。

（7）应急预案评审。

（8）批准实施。

3）主要内容

（1）总则，涵盖编制目的、依据、适用范围、工作原则。

（2）危害辨识与风险评价。

（3）应急组织机构与职责。

（4）预防与预警机制，涵盖危险源监控、信息监测、信息报告、信息化系统预警等。

（5）应急响应，涵盖应急响应级别、响应启动、信息报送与处理、指挥与协调、应急处置、应急支援、应急结束等。

（6）信息发布，相关信息的发布原则、时限、程序等。

（7）后期处置，包括善后处置、人员安置、责任追究、后果评估等。

（8）应急保障，包括应急队伍、应急物资装备、应急资金、技术与通信等。

（9）附则与附件，附则明确预案的备案、修订、解释及实施等，附件包含燃气企业情况、应急组织人员联系方式、政府部门与相关单位的联系方式、应急物资装备名录清单、信息报告信息发布格式化文本、关键的路线标志与图纸、相关协议或备忘录等。

3. 应急预案的评审、发布、备案、评估与修订

（1）评审。应急预案编制完成后，燃气经营单位组织预案评审。综合应急预案委托外部专家进行评审，评审专家应包括有关燃气经营、安全生产及应急管理等方面的专家，采取形式评审和要素评审两种方式。应急预案评审后，根据专家意见进行完善。

（2）发布。应急预案通过评审后，燃气企业主要负责人签署、发布并实施，向企业内人员特别是与预案相关的所有人员公布、发放。事故风险可能影响周边

其他地区或人员的，燃气经营单位应将有关事故风险的性质、影响范围和应急防范措施告知可能影响到的其他单位和人员。

（3）备案。燃气供应单位在规定时间内，按照分级属地原则，向燃气安全生产有关监督管理部门及有关部门进行备案。

（4）评估与修订。应急预案应开展定期评估，每三年至少进行一次总体评估。应急演练、发生事故后及时评估总结，在法定情况出现时应随时修订，保证预案的时效性。

（三）应急资源

应急资源是指针对可能发生的事故，为最大程度地减少事故损害所配置必要的人力、装备、物资、资金、技术等各类资源的总称。在事故发生前的预防与准备阶段，结合企业具体情况、风险识别、评估结果以及应急预案中的要求，规范应急资源标准，合理规划和布局应急资源的选址、配置。应急抢险人员、装备物资配置满足所覆盖区域燃气突发事件处置需要，较大的实行集团化、区域化经营模式的企业，可采取分级管理、统一调度模式；企业亦可利用与相关方或邻近其他燃气企业签订文件协议，作为应急资源的有效补充。在应急响应时，按照就近、方便的原则，快速、合理地完成资源调度。

1. 燃气应急抢险队伍

燃气应急抢险队伍是应对突发事件的重要力量，是具备应急抢险人才、技术、装备，经过技能培训与演练，承担燃气突发事件应急抢险任务的专业化队伍，兼具快速反应能力、专业抢险能力、综合保障能力，接到警情或指令后迅速到达现场，开展应急抢险工作。可根据企业规模、用户数量、覆盖区域等因素进行相应的应急力量配置。

2. 应急物资

根据应急物资在应急抢险过程中的作用功能不同，可分为用于保障应急人员安全的正压式空气呼吸器、防护服、安全帽等安全防护装备；用于工程抢险的应急抢险车、焊机、防爆风机、防爆工具、发电机、潜水泵、卡（夹）具堵漏等抢险救援装备；用于环境气体检测及监测的可燃气体检测仪、四合一气体检测仪、激光遥距甲烷检测仪、便携式风向风速仪等设备仪器；用于现场警戒及控制的隔离栏、隔离墩、警示灯、警示带等装备；用于灭火的消防器材；用于传递信息、远程指挥的防爆对讲机、防爆记录仪、手机等通信联络设施；用于受伤救助的医疗救护物资等几大类。应急物资应保证储备充足，同时要定期对这些应急装备和物资进行定期检查、维护保养，以保证其能够有效使用，清单、账物一致，及时补充，不得挪作他用。

3. 应急资金

燃气企业全力做好应急资金保障，如专项资金支持、预算调整、费用报销等，用于应急物资设备购置更新、应急演练、专项评估等各项应急工作开展。应提前规划应急资金及应急物资采购计划。应急状态下，应急指挥中心对应急物资进行统一调配，若还不能满足应急需要，可按实际需求组织紧急采购，在应急状态解除后进行合同补签。

4. 应急技术

燃气企业采用新技术、新设备，快速阻断装置等停输应急抢修技术，封堵、快速堵漏等不停输应急抢修技术，智能化内检测、智能封堵机器人技术等，判断不同的管道事故原因，选择最佳的抢修技术对燃气管网进行抢修，快速恢复输配系统正常稳定运行；利用新一代信息技术，如地理信息系统（GIS）、云计算、大数据、物联网、人工智能、计算机模拟仿真、建筑信息模型（BIM）、信息安全等，与企业的生产运行、应急抢险紧密结合、综合应用，辅助管理与决策。如进行应急人员、物资管理，应急预案管理，通过预案模型、周边应急资源情况生成备选处置方案，提供快速响应支持，应急指挥中心与应急抢险现场实时监控与交流等。

（四）培训和演练

应急预案制定后还必须对应急预案进行培训和演练，帮助人员掌握突发事件处置流程，保证人员的应急能力和意识，才能在紧急状况下及时、有效、正确地实施现场抢险救援。

燃气企业按规定定期开展与应急工作相关的培训，注重加强抢险技能、安全意识、组织协调、专业水平、实战经验等方面知识水平的提升；制定演练计划，通过桌面推演、现场实操等形式开展经常性演练，提高应急队伍、人员业务技能水平和应急协同作战能力。应急演练也起到对应急预案、应急资源有效性测试或验证的作用。应急演练应按照计划逐项演练、不能漏项、缺项，参照《生产安全事故应急演练基本规范》（YJ/T 9007—2019）执行。

1. 应急培训

培训是一种有组织的知识传递、技能传递、标准传递、信息传递、信念传递、管理训诫行为。燃气供应单位应将应急预案、风险识别与控制、安全知识、专业知识、应急知识技能、应急救援设备装备操作使用、应急救护技能等内容，采用各种教学手段和方式进行培训。应急培训可与应急演练相结合，有计划地开展每年的培训训练，以提高应急处置能力。应急培训方案包括培训计划、培训方式、培训周期、培训内容、培训师资、培训人员、培训考核、培训效果评价和改进等。根据培训对象的不同，各级管理人员、应急组织机构人员、应急抢险人员、作业人员等，应急培训内容应有不同侧重点。

2. 应急演练

应急演练可以很好地检验应急预案体系的针对性、完备性和操作性，强化相关人员的风险意识，提高快速反应能力和实战水平，暴露应急预案和管理体系中的不足。按照演练的内容，分为综合演练和专项演练；按照演练的形式，分为桌面演练和现场演练；按照演练的目的，分为检验性演练、研究性演练。不同形式的演练可相互组合。

燃气企业应当制定本单位的应急预案演练计划，根据本单位的事故风险特点，每年至少组织一次综合应急预案演练或者专项应急预案演练，每半年至少组织一次现场处置方案演练。燃气企业应当定期组织应急演练，提高应急处置能力，包括计划、准备、实施、评估总结和持续改进五个阶段。

（1）计划。制定年度演练计划，通过需求分析，确定演练的目的与要求、参演单位、拟定日期、规模与地点、内容与方式等必需的信息以及资源保障，编制演练计划文本。

（2）准备。成立应急演练组织机构，根据需要成立领导小组以及策划组、执行组、保障组、宣传组、评估组，可根据规模调整。编制应急演练方案，主要内容包括目的及要求、事故情景设计、规模及时间、演练场地及道具、参演单位及人员、主要任务及职责、筹备工作、演练主要内容及步骤、技术支持及保障、评估与总结。

（3）实施。应急演练实施是指从预演到演练结束的整个过程。组织预演，熟悉演练实施过程的各个环节，发现问题及时调整。应急演练开始前，进行现场检查、演练简介，由应急演练总指挥宣布应急演练开始。按照应急演练方案，开始应急演练，完成方案中的各项活动，妥善处理突发情况。应急演练结束后，参演人员有序离场。

（4）评估总结。根据演练记录、演练评估报告、应急预案、现场总结材料，对演练进行全面总结，并形成演练书面总结报告，内容包括演练基本概要、演练中的问题、取得的经验教训、应急管理工作建议等。注意将演练相关资料归档保存。

（5）持续改进。根据应急演练评估报告、总结报告中的问题和建议，制定整改计划、目标、措施、时限，进行持续改进。

（五）应急准备能力评估

应急准备能力评估是对燃气企业的应急管理、应急组织、应急制度、应急预案、应急资源、应急培训、应急演练等各方面进行全面客观分析评估，并依据评估结果进行改进与完善，以确保企业应急准备工作的有效性，并找出可能存在的薄弱环节促使持续改进。构建应急准备能力评估指标体系，应从燃气企业的实际情况出发，全面综合地考虑各种影响因素，遵循系统性、灵活性、科学性等原则。

二、监测与预警

燃气企业应用现代信息技术平台及设备，对燃气输配系统、使用场所、周围空间等进行实时监测，并利用网络、媒体、热线等及时识别可能的紧急事件信息，根据监测数据、信息，及时发现潜在危害，予以预警，启动相应级别的应急响应，迅速开展后续应急救援工作。燃气企业加强与政府、其他应急救援企业单位的信息情报合作；建立健全燃气管网事故预警制度，明确燃气事故预警级别及其对应处置流程、措施。预警分级由燃气企业依托数据采集与监视控制系统检测城镇燃气运行的上游供气量、气质、压力等变化情况和异常信息，及时发现、掌握燃气供应和需求情况，分析可能造成的影响。根据事故可能造成的危害程度、紧急程度和发展势态严重程度，预警分为特别严重（Ⅰ级）、严重（Ⅱ级）、比较严重（Ⅲ级）和一般（Ⅳ级）。重大节日、重大活动期间或重点区域发生城镇燃气突发事件，可视情提高预警级别。

1. Ⅰ级预警（特别严重级别）

发生下列情况之一的，发布Ⅰ级预警：①预测未来3天内天然气日用气负荷均高于上游单位日指定供气计划的50%，预计影响50000户以上居民正常用气；②地质、气象等部门发布我市发生可能影响燃气安全运行的特别重大自然灾害信息；③其他可能引发特别重大燃气突发事件的情形。

2. Ⅱ级预警（严重级别）

发生下列情况之一的，发布Ⅱ级预警：①预测未来3天内天然气日用气负荷均高于上游单位日供气计划的30%～50%，预计影响30000（含）~50000户居民正常用气；②地质、气象等部门发布我市发生可能影响燃气安全运行的重大自然灾害信息；③其他可能引发重大燃气突发事件的情形。

3. Ⅲ预警（比较严重级别）

发生下列情况之一的，发布Ⅲ级预警：①预测未来3日内天然气日用气负荷均高于上游单位日供气计划的10%～30%，预计影响10000（含）~30000户居民正常用气；②其他可能引发较大燃气突发事件的情形。

4. Ⅳ级预警（一般级别）

发生下列情况之一的，发布Ⅳ级预警：①预测未来3日内天然气日用气负荷均高于上游单位日供气计划的10%，预计影响10000户以内居民正常用气；②其他可能引发一般燃气突发事件的情形。

三、应急响应与处置

（一）应急响应

应急响应是接收到预警或突发事件信息，触发响应机制，启动应急组织、人员进入应急处置阶段，开始执行各项应对措施。

燃气企业根据燃气突发事件分级标准，结合本地及企业情况，确定响应分级原则和标准。针对不同级别的响应，分别明确启动条件、应急指挥、应急处置和现场救援、应急资源调配、扩大应急等应急响应程序。按照安全事故危害的可控性、严重程度和影响范围，应急响应分为Ⅰ级、Ⅱ级、Ⅲ级和Ⅳ级，分别对应特别重大、重大、较大和一般燃气事故。

1. 特别重大事件（Ⅰ级）

发生下列情况之一的，可启动Ⅰ级应急响应：①城镇燃气管线、门站、储气设施、用户端发生燃气泄漏、爆炸等事故导致30人以上死亡，或100人以上重伤，或造成1亿元以上直接经济损失，严重影响燃气供应和危及公共安全；②供气系统因突发事件，造成50000户以上居民连续停止供气24小时以上，或供气系统超压运行，严重影响用户安全用气，须紧急疏散50000人以上。

2. 重大事件（Ⅱ级）

发生下列情况之一的，可启动Ⅰ级应急响应：①城镇燃气管线、门站、储气设施、用户端发生燃气泄漏、爆炸等事故导致10人以上30人以下死亡，或50人以上100人以下重伤，或造成5000万元以上1亿元以下直接经济损失，严重影响燃气供应和危及公共安全；②供气系统因突发事件，造成30000户以上50000户以下居民连续停止供气24小时以上，或供气系统超压运行，严重影响用户安全用气，需紧急疏散5000人以上50000人以下居民。

3. 较大事件（Ⅲ级）

发生下列情况之一的，可启动Ⅱ级应急响应：①城镇燃气管线、门站、储气设施、用户端发生燃气泄漏、爆炸等事故导致3人以上10人以下死亡，或10人以上50人以下重伤，或造成1000万元以上5000万元以下直接经济损失，影响区域燃气供应和危及公共安全；②供气系统因突发事件，造成10000户以上30000户以下居民连续停止供气24小时以上，或供气系统超压运行，严重影响用户安全用气，需紧急疏散1000人以上5000人以下居民。

4. 一般事件（Ⅳ级）

发生下列情况之一的，可启动Ⅲ级应急响应：①城镇燃气管线、门站、储气设施、用户端发生燃气泄漏、爆炸等事故导致 3 人以下死亡，或 10 人以下重伤，或造成 1000 万元以下直接经济损失，影响区域燃气供应和危及公共安全；②供气系统因突发事件，造成 1000 户以上 10000 户以下居民连续停止供气 24 小时以上；或供气系统超压运行，严重影响用户安全用气，需紧急疏散 1000 人以下居民。

达到启动应急响应的条件时，初步判断应急响应级别，启动相应应急程序、应急预案，进行应急资源调配，迅速开展应急抢险行动。如预判超出企业处置能力的事故或紧急事件，应第一时间拨打 110、119、120 等请求社会增援。对于可能危及周边的警情，应及时通知影响范围内的单位和个人。同步收集现场信息，将情况上报至相关部门，向公众发布。

（二）应急处置

应急抢险人员接到警情后，在规定时间内到达现场，根据现场情况，迅速组织人员进行抢险，按照各自的职责分工，立即采取有效措施进行处置，如现场事态有发展变化，应及时调整。注意将现场情况及时报告应急指挥中心及属地主管部门，报告内容包括发生事故的单位及事故发生的时间、地点、简要经过、类型、伤亡人数、初期抢救处理的情况和采取的措施等。

应急处置包括但不局限于人员组织、燃气浓度检测及环境监测、查漏定位、警戒及疏散、管道控压、开挖、制定抢修方案、实施修复作业、收尾恢复、完毕通报等。若现场事态扩大，根据现场危险情况，升级应急程序，进行增援，向 110、119、120 报警，并向上级单位报告。现场指挥向抵达现场的有关部门汇报，介绍抢险方案与程序，配合共同完成抢险及警戒疏散工作。若现场事态恶化，须立即与上级政府主管部门联系。政府根据现场情况经研判后，启动市重特大事故应急预案。

当事故现场得以控制，可导致次生、衍生事故的隐患消除后，按照“谁启动、谁终止”的原则，由相关党委和政府或者有关应急指挥机构、部门宣布应急结束，设立现场应急指挥机构的应当及时撤销。同时，采取必要措施，防止发生次生、衍生事件或者突发事件复发。

四、生产与社会秩序恢复

事故得到有效控制后，燃气供应单位积极采取设施设备更新维修、恢复燃气供应等措施，确保应急处置救援结束后，发生突发事件与受其影响的场所、区域的生产、生活、工作和社会秩序以及应急资源及时有效地恢复到正常状态。

对发生突发事件与受其影响的场所和区域进行持续监测，防止次生、衍生事件的发生；妥善安置受影响的人员，损失评估，保险理赔，及时恢复、补充应急资源，同步进行事故调查，总结经验和教训，对应急预案进行复查、评审与改进。

第五章　城镇燃气管网

第一节　燃气输配管道与设备设施

城镇燃气管网是指从城镇燃气供气厂站至用户引入管之间的站内工艺管道、输配管道及管网工艺设备、管道附属设施的总称。管道附属设施主要指阀室、管网工艺设备（主要指调压站、调压箱内的管道和设备）。

一、燃气输配管道

城镇燃气输配管道多为埋地敷设，也有部分管道架空敷设。此外，随着城市发展，出现了将燃气管道与电力、热力、给排水等各工程管线集中在隧道中的综合管廊敷设方式。

（1）埋地管道。输气管道埋设于土壤中，当管段需要穿越铁路、公路时，有时采用顶管、定向钻等非开挖敷设方式（图5-1）。

（2）架空管道。工厂厂区内或管道跨越障碍物时，常采用架空敷设（图5-2）。

图5-1　埋地管道

图5-2　架空管道

（3）综合管廊。地下综合管廊，又名共同沟、共同管道、综合管沟，就是在城市地下建造一个隧道空间，将电力、通信、燃气、给排水等各工程管线集中在隧道里，实行“统一规划、统一建设、统一管理”，以做到地下空间的综合利用和资源的共享，它被称为城市的“生命通道”，综合管廊附属系统设计除了包含消防、通风、供电、照明、环境与设备监控、安防等系统外，还有智能疏散、人员定位、火灾自动报警与可燃气体探测报警、本体排水等系统（图5－3）。

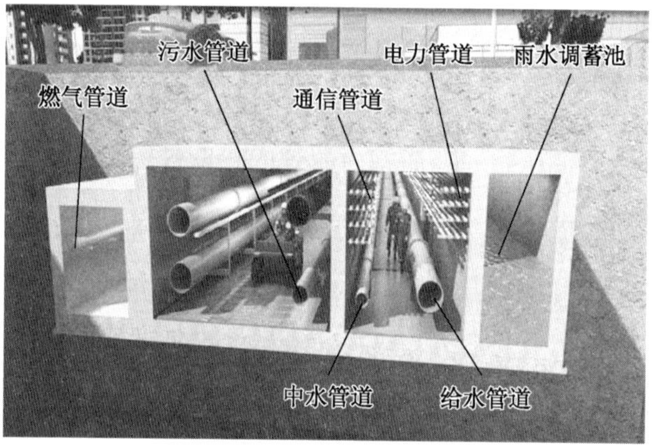

图5－3　综合管廊示意图

二、调压装置

（一）工艺流程

《燃气工程项目规范》（GB 55009—2021）规定，调压站（箱）内主要的装置是调压装置，调压装置是由调压器及其附属设备组成，将较高燃气压力降至所需的较低压力的设备单元总称。较高压力燃气经过过滤、调压器降压及计量后输出稳定的较低压力燃气供用户使用。设有调压装置和计量装置的建（构）筑物及附属安全装置的总称就是调压站（调压站的工艺流程、实景如图5－4、图5－5所示），设有调压装置的房间叫调压室。调压箱是设有调压装置的专用箱体，调压箱属于整装设备（图5－6）。当受到地上条件限制，一些大城市出于美观要求在繁华地带设置了可以在地面上对箱内设备进行检修的地下调压箱或直埋式调压装置。

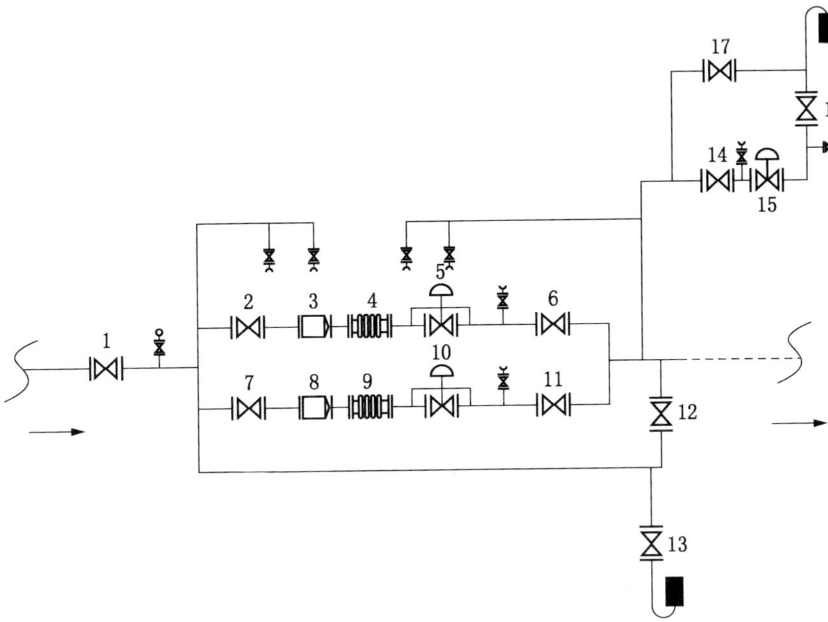

1—进口阀门；2、7—支路进口阀门；3、8—支路过滤器；4、9—支路调长器；5、10—支路调压器；6、11—支路出口阀门；12—中压旁通阀门；13—中压放散阀门；14—低压放散进口阀门；15—低压安全放散阀；16—低压放散出口阀门；17—低压放散旁通阀门

图5-4　调压站工艺图

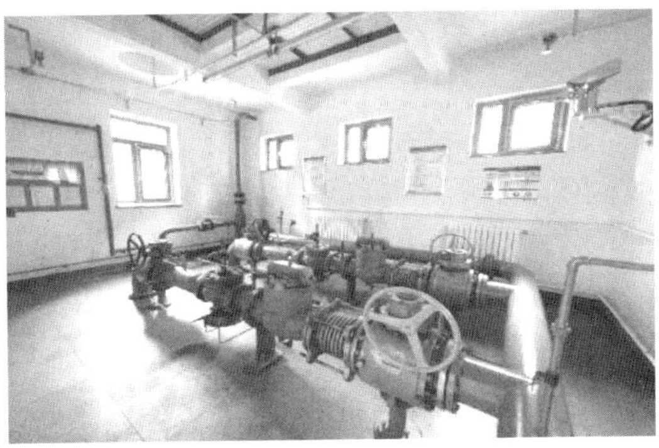

图5-5　调压站实景图

图 5-6　调压箱实景图

（二）设备设施

1. 调压器

调压器是自动调节燃气出口压力、使其稳定在某一压力范围内的设备。调压器按工作原理可分为直接作用式调压器和间接作用式调压器；按连接形式分为法兰连接和螺纹连接；按最大进口工作压力分为 0.01 MPa、0.2 MPa、0.4 MPa、0.8 MPa、1.6 MPa、2.5 MPa、4.0 MPa、6.3 MPa、10 MPa 九种规格。

（1）直接作用式调压器：利用出口压力变化，直接控制驱动器带动调节元件运动的调压器（图 5-7）。

（2）间接作用式调压器：燃气出口压力的变化使操纵机构动作并接通外部能源或被调介质进行压力调节的调压器（图 5-8）。

2. 过滤器

过滤器是分离燃气气流夹带的杂物（灰尘、铁锈和其他杂物），保护下游管道设备免受损坏、污染、堵塞的组件（图 5-9）。

过滤器主要有以下几种分类方式。

（1）按安装型式，可分为立式（V）、卧式（H）。

（2）按工作方式，可分为普通式、快开门式（K）。

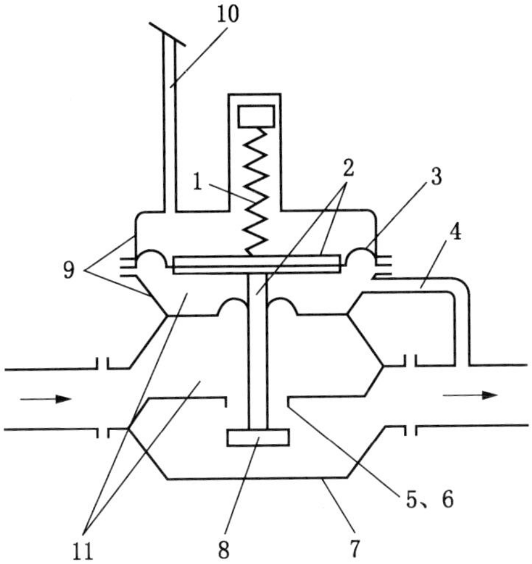

1—设定元件；2—驱动器；3—膜片；4—信号管；5—阀座；6—阀垫；7—调节器壳体；8—调节元件；9—驱动器壳体；10—呼吸孔；11—金属隔板

图5-7 直接作用式调压器结构图

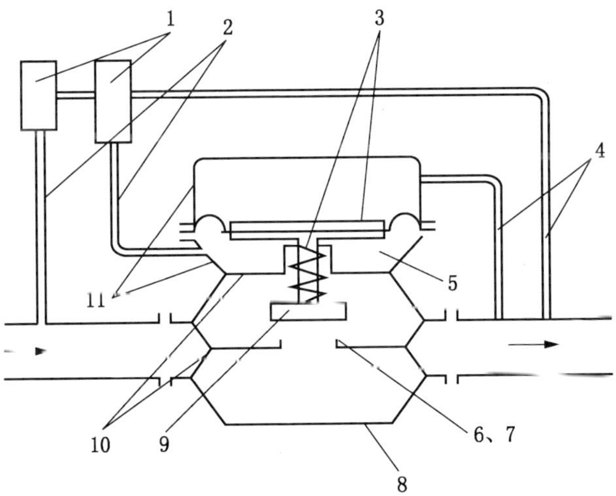

1—指挥器；2—过程管；3—驱动器；4—信号管；5—驱动腔；6—阀座；7—阀垫；8—调压器壳体；9—调节元件；10—金属隔板；11—驱动器壳体

图5-8 间接作用式调压器结构图

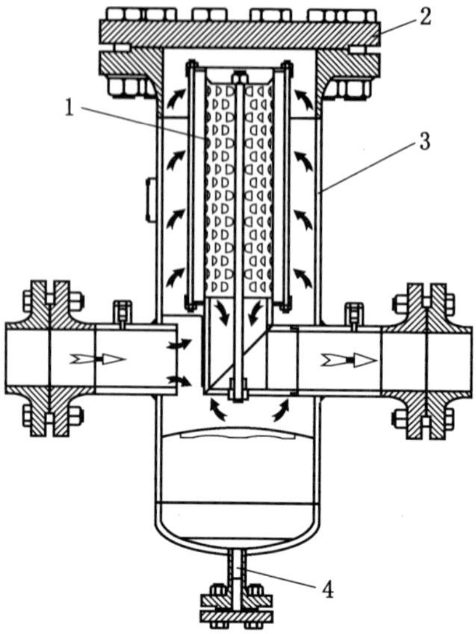

1—滤芯；2—封盖；3—壳体；4—排污管

图 5-9　过滤器结构

（3）按过滤精度，可分为 0.5 μm、2 μm、5 μm、10 μm、20 μm、50 μm、100 μm。

3. 阀门

阀门是用来启闭管道通路或调节管道内介质流量的设备。一般要求阀体的机械强度高，转动部件灵活，密封部件严密耐用，对输送介质的抗腐蚀性强，同时零部件的通用性好。阀门的种类很多，常用的有闸阀、截止阀、球阀和蝶阀等。

阀门分类见表 5-1。

表 5-1　阀　门　分　类

分类方式	类　别
通用分类	球阀、闸阀、蝶阀、截止阀、止回阀、安全阀等
按用途分类	切断、调节、止回、分配、安全等
按操作方式分类	手动、气动、电动、液动、气液联动
按连接方式分类	法兰、丝扣、焊接
按压力分类	高压、低压
按材质分类	铸铁、铸钢、锻钢、塑料等

如果阀门操作、维护保养不当会导致阀门关闭不严，给下游设备维护检修工作带来问题。因此，应该对阀门进行维护保养等工作。

4. 波纹管调长器

波纹管调长器由波纹管和构件共同组成，用来调节燃气设备拆装引起的管道与设备轴向位置变化，不承担因温度变化对管道的补偿功能，因此当操作完成后，必须将拉杆螺母拧紧（图5－10）。

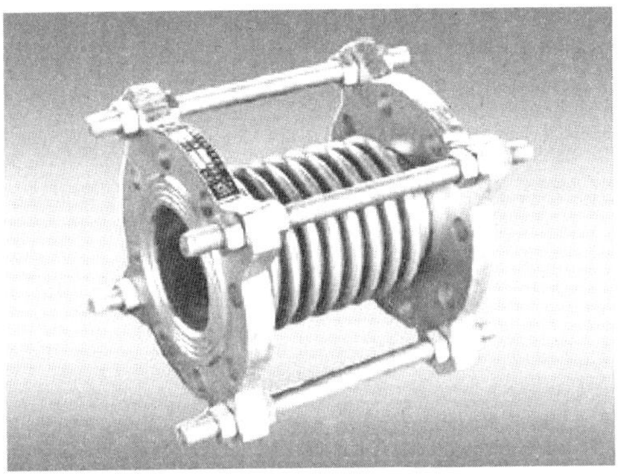

图5－10　波纹管调长器实物图

5. 可燃气体探测器

用于测量单一或多种可燃气体浓度的探测器。

6. 可燃气体报警控制器

接收可燃气体探测器及自动报警触发装置信号，能发出声、光报警，指示报警部位并予以保持的控制装置。

7. 紧急切断阀

当接收到控制信号时，自动切断燃气气源，能手动复位的阀门。

8. 流量计

燃气输配系统中最常用的是涡轮流量计和气体超声流量计，主要用于过程计量。

（1）涡轮流量计：用旋转速度与流量成正比的多叶片转子测量封闭管道中流体流量的流量计。转子的转速通常由安装在管道外的装置检测。

（2）气体超声流量计：安装在流动气体的管道上，并用超声原理测量气体流量的流量计。只有一个声道的流量计称为单声道气体超声流量计，有两个或两个以上声道的流量计称为多声道气体超声流量计。

三、阀室

阀室是指设置燃气管道阀门及其附件的建（构）筑物。阀室工艺如图 5－11 所示。

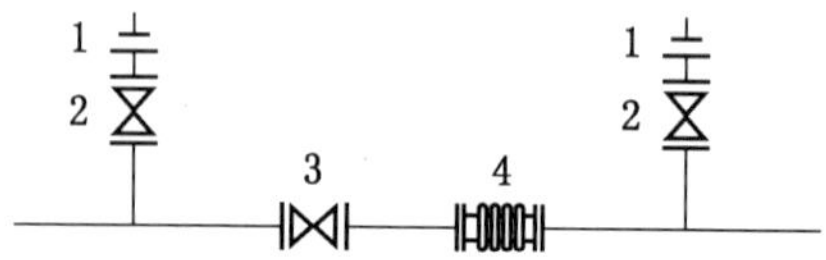

1—放散短节；2—放散阀门；3—阀门；4—调长器

图 5－11　阀室工艺图

四、阴极保护装置

阴极保护装置包括由牺牲阳极、接线测试桩（井）、参比电极、电缆等组成的牺牲阳极阴极保护系统和由恒电位仪、整流器、阳极地床、参比电极、测试桩、电缆等组成的外加电流阴极保护系统。

第二节　工作内容及安全要求

一、运行

燃气管网运行工作包括燃气管道、调压站（箱）及闸井的运行，具体的工作内容及安全要求如下。

（一）管道

1. 工作内容

（1）运行人员按运行计划通过目视、嗅觉、听觉等直观检查，在燃气管道上方沿燃气管道巡视（机动车、非机动车、步行），通过观察燃气管道保护范围内是否存在危及燃气管道安全的行为或现象，检查管道安全距离内有无违章情况。发现违章立即上报，向违章单位（个人）或上级主管部门书面告知违章情况，督促其整改，并按违章案件报送流程报请执法局立案解决。

（2）检查管道敷设部位土建情况。发现土壤塌陷、下沉、滑坡、开挖取土，护堤、护坡、堡坎垮塌，堆放垃圾或重物等现象，立即上报。

（3）检查管道走向沿线情况：

① 发现管道沿线出现燃气异味、水面冒泡、植物枯黄、积雪表面黄斑或燃气泄漏声响等异常现象时，立即上报，并对管道附近市政设施井逐一进行检测并记录，做好警戒，等待后续处置。

② 发现施工时，主动与施工单位负责人取得联系，核实工程情况；书面告知燃气管道位置，提出安全注意事项；需要对燃气管道或设施进行防护的，按照《燃气管理条例》有关规定制定保护方案，并将有关资料、配合记录存档备案；必要时，对施工现场燃气管道或设施进行安全监护。施工单位拒绝签署书面告知文件或拒绝采取防护措施的，向其书面出具违章纠正通知并立即上报。

③ 遇暴雨、大风、洪水等恶劣天气及发生地震等灾害过后，全面检查穿越桥梁、公路、铁路沿线的管段，发现与排水沟、电缆沟、暖气沟交汇的管段及具有隐患的管段，应及时上报。

④ 发现管道沿线标志（地面、地上）缺失，及时上报，配合补装。

（4）按下列要求检查阴极保护设施，发现阴极保护装置损坏、缺失等情况时立即上报：

① 检查恒电位仪是否正常启动、运行。

② 记录恒电位仪电源电压、输出电压、输出电流、给定电位等。

③ 管道阴极保护状态未满足标准要求时，应调试给定电位，使管道达到保护电位要求。

（5）检查燃气闸井、凝水器井、管道套管井、观察井等，发现问题，及时处理：

① 发现燃气井井圈、井盖丢失、损坏，立即上报并现场值守，配合后续处置。

② 检测燃气井有燃气浓度时，立即上报，并进行开盖通风处理，现场值守，等待后续处置。进入闸井时，必须严格按照有限空间作业要求执行。

③ 燃气井中存在积水情况，如积水较深需及时抽水。

（6）填报运行情况。当日运行结束后如实、准确地填写运行记录（纸质版、电子版）。

2. 安全要求

（1）运行人员应具备上岗资格，身体、精神状况良好。

（2）运行人员按要求穿戴防静电工作服、工作鞋、手套，长发应束紧不外露，夜间在道路上作业应穿着有反光标志的工作服。

（3）运行人员应带齐相关工具、设备：

① 作业工具：锤子、井钩、开锁用具、安全绳、内六角扳手等。

② 仪器、设备完好，电量充足。

③ 机动车、非机动车：车况符合安全行驶要求。

④ 电子记录设备：完好，电量充足。

⑤ 相关材料：签字笔或钢笔、当日运行图纸、施工配合通知、违章纠正通知等携带齐全。

（4）开启、关闭井盖时正确操作，避免井钩滑脱，人员摔伤。开启井盖前需先沿井圈检测燃气浓度，如燃气浓度超标需采取在井口处喷水等防爆措施后再小心开启井盖。

（5）发现泄漏后立即上报，泄漏原因及泄漏未消除前需要采取措施，不得撤离。

（6）运行中发现燃气管道、设施安全距离附近施工问题、违章占压问题等应及时上报，主动寻找责任主体，主动按要求对接，不得瞒报、漏报。对可能造成他人伤害或经济损失的，要做好警戒与监护工作，等待后续处置。

（7）工作中注意文明用语，沟通交流中理智、冷静，避免发生冲突事件，遇到危及自身的行为，寻求法律保护。

（8）运行中保管好个人财物与工具、设备，避免丢失、被盗。

（9）运行过程中遵守交通规则，避免交通事故。

（10）每日运行结束，清点工具、设备，保证无遗失并妥善保存。

（二）调压站（箱）

1. 工作内容

（1）运行人员对调压站（箱）进行站（箱）外巡检，主要检查站（箱）周围情况，发现调压站（箱）围护开裂、门锁锁具损坏的，立即上报。

（2）运行人员检查消防通道是否被占用，检查站（箱）围护周围是否堆放有易燃易爆物品。发现消防通道被占用或围护周围堆放易燃易爆物品的，及时上报，并积极联系责任人，责成其清除隐患。如联系不到责任人，应与带班师傅联系，并向有关领导汇报情况，配合做好后续处置工作。

（3）运行人员检查调压站（箱）周围的施工迹象，发现施工及有违章建（构）筑物，积极主动与施工方按规定进行施工配合，后期按时对接。违章需按规范要求书面下发违章告知通知并上报，后续配合拆违工作。

（4）检查安全标志，发现缺失或失效的，及时上报，配合补装。

（5）运行人员对调压站院内（调压箱周边）进行巡检，发现调压站房屋、门窗、防护栏、栅栏有损坏，立即上报，配合修复。

（6）检查技防设施，发现技防设施（如墙体防护网、探头等）损坏，立即上报，配合修复。

（7）检查场所环境，及时清除枯枝落叶，确保无易燃易爆物品、杂物堆积。发现地面塌陷、墙体开裂及时上报，配合修复。

（8）运行人员在调压室或调压箱门外检测燃气浓度，如燃气浓度低于爆炸下限（LEL）20%方可进入，如燃气浓度高于爆炸下限20%，需要采取开启防爆风机降低燃气浓度等措施，不可贸然进入。

（9）进入站（箱）后开启门窗并进行固定，保持站（箱）内空气流通。

（10）调压装置检查内容：

① 检查各设备的运行工况，调压器的出口压力是否超出设定范围，是否有喘振情况，过滤器差压表显示是否在正常范围，安全放散阀有无放散现象，切断阀是否切断等，发现问题联系带班师傅进行处置。

② 用可燃气体检测仪检测燃气管道、调压器、过滤器、阀门、安全设施、仪器、仪表等设备接口，发现泄漏立即上报。

③ 检查站内各设备主体、管线、连接螺栓和管线标识，发现设备主体、管线、出现腐蚀、裂纹、变形、油漆剥落起皮、锈蚀等情况立即上报，配合后续处理、维护；发现螺栓变形、缺失，立即上报，配合更换、补装；发现站内管道系统、地面、站体建筑有沉降、裂缝等情况，立即上报，配合后续处置。

④ 检查室内电气设施，发现防爆灯具、防爆风机、可燃气体报警装置等出现问题，立即上报，配合后续修理。

⑤ 检查消防器材，发现消防器材缺失、失效的，立即上报，配合更换、补放。

⑥ 检查安全设施，发现切断阀、放散阀失效，立即上报，配合重新标定；发现放散阀超期使用，立即上报，配合重新标定校验。

⑦ 检查仪器仪表，发现压力自动记录仪、弹簧压力表和远传仪表损坏、失效，立即上报，配合更换、维修。

⑧ 检查过滤器，发现过滤器压差超过规定值，立即上报，配合清理，维护。

⑨ 检查电缆引入处，发现引入处密封破损、电缆破损，立即上报，配合修理。

（11）巡视结束，关闭门窗，防爆风机等，锁好门窗。

（12）填报巡查情况。当日巡视结束后，将当日巡查情况如实、准确填写在运行记录中（纸质版、电子版）。

2. 安全要求

（1）运行人员应具备上岗资格，身体、精神状况良好。

（2）运行人员按要求穿戴符合规定的防静电工作服、工作鞋、手套，长发应束紧不外露。

（3）运行时应带齐相关工具、设备：

① 专用作业工具及物品：螺丝刀、扳手、钳子、站箱钥匙、黄油等。

② 可燃气体检测仪：设备应完好并定期校验，符合防爆要求，电量充足。

③ U 形压力计、电子测压表：应完好有效。

④ 机动车、非机动车：车况符合安全行驶要求，按规定检验、维护。

⑤ 电子记录设备：完好，电量充足。

⑥ 相关材料：签字笔或钢笔、当日运行图纸、纸质表单等齐全。

（4）进入站（箱）前关闭非防爆通信设备、手机等电子设备。

（5）可燃气体检测仪应在洁净空气下开机。

（6）在站（箱）门外使用可燃气体检测仪进行泄漏检测，符合要求后方可进入。如室内有燃气浓度，须立即开启防爆风机降低燃气浓度。

（7）开启门窗后须对门窗进行固定，且保持空气流通。

（8）使用非防爆工具（铁制工具），应在工具接触面涂抹黄油，禁止一切可能产生火花的行为。

（9）运行中，若发现超压、停气、设备泄漏等事故故障时，应做好自身防护，并立即上报，做好警戒工作，不可贸然操作。

（10）巡查结束后关好门窗并锁好门。

（11）运行中发现的燃气泄漏问题、施工问题、违章占压问题等应及时上报，主动寻找责任主体，主动按要求对接，不得瞒报、漏报。对可能造成他人伤害或经济损失的，要做好警戒与监护工作，等待后续处置。

（12）工作中注意文明用语，沟通交流中理智、冷静，避免发生冲突事件；遇到危及自身的行为，寻求法律保护。

（13）运行中保管好个人财物与工具、设备，避免丢失、被盗。

（14）运行过程中遵守交通规则，避免交通事故。

（15）每日运行结束，清点工具、设备，保证无遗失并妥善保存。

（三）阀井

1. 工作内容

（1）作业人员对闸井内部设备、土建等进行巡查。

（2）开启井盖。使用专用开锁工具打开井锁，使用可燃气体检测仪检测闸井内部燃气浓度，当井室燃气浓度小于爆炸下限的20%时，使用井钩拉开井盖。当井室燃气体积浓度大于爆炸下限的20%时，应在井盖四周浇水，再轻拉开井盖，避免产生火花。

（3）进行阀井环境监测。使用四合一检测仪对闸井内部环境进行检测，严格按照有限空间作业规程进行操作。正确判别阀门井环境，作业人员采取相应防护措施后方可进入阀井。

（4）进入阀井。作业人员按操作要求进入阀井，井上作业人员按要求将工具传递至井下。

（5）查看井内积水情况，积水到达管道或阀门下缘时立即上报，不得进入积水中。等待抽水后方可进入。

（6）检查井内土建情况。发现井口、盖板有裂缝、漏水，发现墙体有裂缝、井室地面塌陷、两端穿墙管有裂缝、套管密封不实，爬梯松动、间距过大等情况，立即上报，配合后续维修。

（7）燃气泄漏检查。对井内设备、法兰接口等可能存在漏气的位置使用可燃气体检测仪进行检测，发现漏气，立即上报，配合维修。

（8）设备外观检查。检查管道、阀门、手轮、扳把颜色，应符合标准要求。设备表面油漆剥落或锈蚀程度较严重时，立即上报，配合维护。

（9）放散设施检查。放散阀门出口端应加装盲板或法兰盖堵。如缺失立即上报，配合维修。

（10）设备支撑检查。主阀门支架应稳固，如出现松动、缺失等情况，立即上报，配合维修。

（11）调长器检查。拉杆螺母拧紧。

（12）打扫卫生。擦拭井内设备，清扫井底。

（13）将工具依次递至井上，作业人员依次升井。

（14）巡视结束，关闭井盖并上锁；收好警示标志、作业工具等。

（15）填报巡查情况。当日巡视结束后，将当日巡查情况如实、准确地填写在运行记录中（纸质版、电子版）。

2. 安全要求

（1）按作业计划调派人员。作业人员应具备上岗资格，监护人员须经培训、考核合格后持证上岗，身体、精神状况良好。作业前必须进行作业交底。

（2）如果下阀井，除作业者外，按职责划分还需要有作业负责人、监护者、救援人员。作业负责人负责组织实施作业，并应对全体人员进行安全及技术交底；监护者应在特殊场所外对作业进行专职看护；作业者进入特殊场所实施作业；救援人员负责实施救援，可由作业负责人或监护者兼任。

（3）穿戴符合规定的防静电工作服、工作鞋、安全帽，系好安全绳；长发束紧不外露；夜间在道路上作业，应穿着有反光标志的工作服。

（4）应备齐相关工具、设备：

① 作业工具：锤子、内六角扳手、专用井钩、开锁工具、安全绳、包皮布等。

② 电气设备：防爆灯具功能完好，发光正常；发电机、防爆风机功能完好，电源线无破损。

③ 警戒、警示设备设施：警示带、警示牌、反光锥桶、交通指示灯具（夜间使用）等完好、有效。

④ 防护设施：正压式呼吸器、送风式长管呼吸器、三脚架等有限空间作业设备功能完好。

⑤ 检测仪器：可燃气体检测仪完好并符合防爆要求，电量充足；四合一气体检测仪、电子记录仪器完好并定期校验，电量充足。

⑥ 交通工具：机动车、非机动车车况符合要求，按规定检验、维护。

⑦ 排水工具：水桶或抽水机。绳索连接牢固；油量充足，设备正常。

（5）划定作业区域。使用警示带、锥桶划定作业区域，作业区域范围应满足作业点与行人、交通车辆的安全距离。

（6）作业区域两端应设立警示牌，避免行人和机动车辆穿越作业区；夜间作业区应设置符合警示要求的灯光警示标志。

（7）进入阀井时，必须严格按照有限空间操作规程进行操作，正确判别作业环境的风险，并正确采取防护措施。

（8）作业人员下井时应手抓牢、脚踩稳爬梯，逐节向下攀爬。

（9）作业人员与监护人员应实时沟通，发现异常及时告知并撤离。

（10）作业工具、材料等不得下抛、投扔，要采用手递手或垂吊方式传递。

（11）巡查完毕，盖好井盖并上锁。

（12）巡查中发现的燃气泄漏、设备设施故障问题及时上报，不得瞒报、漏报。

（13）运行中保管好个人财物与工具、设备，避免丢失、被盗。

（14）工作中注意文明用语，沟通交流中理智、冷静，避免发生冲突事件；遇到危及自身的行为，寻求法律保护。

（15）每日工作结束，清点工具、设备，保证无遗失并妥善保存。

二、设备检修

（一）工作内容

（1）设备检修前应做好下列准备工作：

① 如果有备用管路，则提前启动备用管路测试操作；检修单路调压工艺的调压箱时应采取措施保证下游管网不出现负压。

② 放散检修段内的天然气，放散气体应排向室外或箱体外的安全处，观测压力为零时方可进行下一步操作。

③ 确认待修调压装置进、出口阀门已关闭严密。

④ 密封件、易损零部件、过滤器滤芯等配置齐全且完好。

⑤ 如螺栓锈蚀严重应提前涂抹除锈剂。

（2）调压器检修应包括：主阀、指挥器的拆解（拆卸）和安装，检查清洗所有机械零部件、更换所有密封件及失效零部件，出口压力和关闭压力等性能测试以及调压器外壳及支架的维护等内容。

（3）过滤器的检修工作应包括：滤芯、密封圈等易损件更换，快开盲板及其安全联锁装置检查和维护，零部件清洗、除锈、润滑，过滤器仪表及安全阀检查、差压表信号管吹扫，过滤器外表面维护等。

（4）阀门的维护保养包括阀门的启闭维护操作、注油、电动执行机构的维护等内容。

（5）设备检修完成后达到的合格标准：①外观应清洁无污物，各设备及支架漆膜完好无锈蚀；②调压器出口压力和关闭压力等性能指标符合规定要求；③过滤器前后压差应在规定范围内，压差表应指示正常；④超压切断阀的切断压力符合规定；⑤管道及设备、阀门等连接点无泄漏。

（6）检修完毕后应对检修使用的工具、设备等进行检查清点，并应填写检修记录，与更换零部件的质量证明文件等一并存档。

（二）安全要求

（1）操作人员应经过专业技能及安全知识等相关内容的培训，取得上岗资格后方可执行操作。

（2）调压器检修前应提交检修计划，经生产运营部门批准或备案后方可按计划执行检修工作。

（3）现场操作人员不得少于 2 人，其中应有一人指定为负责人，负责人职业资格技能等级应为四级或以上。操作人员应穿戴防静电工作服、安全帽和工作鞋等防护用品。

（4）操作现场应有消防器材，并应保证其完好有效。

（5）操作现场宜用警示带划分出操作区域，无关人员不得进入。

（6）调压器维护、检修操作所使用的设备及工具：①宜使用专用配套工具和专用润滑脂、密封脂，工具应完好；②应使用防爆型工具，如使用非防爆型工具应涂抹黄油；③检测、照明、通信等设备应为防爆型。

（7）调压站、调压箱内调压器的检修操作，应按先检测环境中天然气浓度，再打开门窗、开启防爆风机进行强制通风的顺序进行。

（8）检修操作时应对现场环境中天然气浓度进行全过程监测，防爆风机应处于开启状态。天然气浓度应低于 1% VOL。若超过 1% VOL，应停止操作，采取措施，待浓度降至 1% VOL 以下时方可继续操作。

（9）备用台启动运行后值班观测时间不应少于 2 h，且应至少包含观测一个日高峰的出口压力。

（10）调压设施内的调压器、过滤器及阀门等设备的检修应避开供气高峰时段。

三、生产作业

生产作业包括停气、降压、接切线、置换、放散及通气等工作内容，主要的安全要求如下。

（1）作业前应制定作业方案和填写动火作业审批报告，并逐级申报；方案及报告经审批后应严格按批准方案实施。如遇紧急事故执行抢修任务，应在抢修完毕后补办手续。

（2）生产作业前应准备好相应的作业机具、通信设备、防护用具、消防器材、检测仪器等。

（3）生产作业现场设专人负责现场指挥，并设安全员一名。作业过程中，操作人员应全程按规定穿戴劳动防护用品。设专人对放散点进行实时监护，并采取相应的安全防护措施保护自身安全。

（4）停气、降压等作业要避开用气高峰和不利气象条件。

（5）调压设施启动通气按开启总进口阀门→开启调压流程进出口阀门，调试调压器出口压力、测试调压器关闭压力→开启调压站总出口阀门的程序进行。调压设施停运时宜按照关闭调压流程进口阀门→关闭出口阀门→关闭总进口阀门的顺序进行。

四、应急抢修

应急抢修是指发生危及安全的泄漏以及引起停气、中毒、火灾、爆炸等突发事件后为尽快控制和减少事件造成危害而采取紧急措施的作业。主要的安全要求如下。

（1）接到抢修报警后应立即启动应急预案，并应根据事故情况联系有关部门协作抢修。抢修作业应统一指挥，服从命令，并应采取安全措施。

（2）发生的事故可能导致人员中毒或火灾、爆炸事故，危及周围人身财产安全时，应协助公安、消防及其他有关部门进行抢救、保护现场和疏散人员。

（3）抢修人员应佩戴职责标志。进入作业区前应按规定穿戴防静电服、鞋及防护用具，并严禁在作业区内穿脱和摘戴。作业现场应有专人监护，严禁单独操作。

（4）抢修人员到达现场后，应根据燃气泄漏程度和气象条件等确定警戒区、设立警示标志，在警戒区内应管制交通，严禁烟火，无关人员不得留在现场，并应随时监测周围环境的燃气浓度。

（5）燃气设施因燃气泄漏发生火灾时，应及时切断气源并控制火势。

（6）当燃气泄漏发生爆炸后，应迅速控制气源和火源，防止引发次生灾害。

（7）当调压设施因调压设备、安全切断设施失灵等造成出口超压时，应立即关闭调压器进出口阀门，并应对超压管道放散降压，排除故障。当压力超过下游燃气设施的设计压力时，应对超压影响区内的燃气设施进行全面检查。排除所有隐患后方可恢复供气。

（8）调压器发生故障关闭时，应检查下游管道压力。若管道出现负压等不符合安全运行条件的隐患时，不得启动调压器，待排除所有隐患后方可恢复供气。

（9）事故隐患未查清或隐患未消除时，抢修人员不得撤离现场，并应采取安全措施，直至隐患消除为止。

第三节　相关事故案例分析

一、管道腐蚀穿孔致 26 人死亡重大燃气爆炸事故

（一）事故经过

2021 年 6 月 13 日 6 时 42 分许，位于湖北省十堰市张湾区艳湖社区的集贸市

场发生重大燃气爆炸事故，造成 26 人死亡、138 人受伤，其中重伤 37 人，直接经济损失约 5395.41 万元。

2021 年 6 月 13 日 5 时 38 分，十堰市 110 指挥中心接到有天然气管道泄漏报警电话；5 时 53 分，十堰市消防救援支队 119 指挥中心接到报警并于 5 时 54 分指派 2 辆消防车、12 名消防员出警；6 时 0 分，值班民警到达现场，发现艳湖桥下河道有黄色雾状气体往上飘，并伴有强烈的臭味；6 时 13 分，十堰东风中燃公司接到关于“有天然气泄漏，有黄色烟雾”的报告，并通知管网运营部抢修人员前往处置。6 时 16 分，抢修队员关闭阀门，切断事故区域气源；6 时 30 分至 38 分，抢修人员进入桥下河道观察处置，由于桥洞内光线昏暗，无法进入侦查。此时桥洞内泄漏声消失，外涌的黄色天然气颜色逐渐变淡，流速变缓，灰尘减少。抢修人员告知现场消防人员、民警：“阀门已经关闭，没啥事了，你们可以回去了。”6 时 42 分 1 秒，爆炸发生。

（二）事故原因及分析

这是一起重大生产安全责任事故，事故原因如下。

1. 直接原因

该事故直接原因为天然气中压钢管严重腐蚀导致破裂，泄漏的天然气在集贸市场涉事建筑物下方河道内密闭空间聚集，遇餐饮商户排油烟管道排出的火星发生爆炸。

发生燃气泄漏的管道，传输介质在 2013 年由水煤气置换为天然气，由于水煤气腐蚀性较强，加之管道敷设在河道内，又与污水管沟相邻，长期的侵蚀最终导致的泄漏。管道腐蚀泄漏是威胁燃气设施安全的主要因素，管道的腐蚀控制做到位就可以有效地控制泄漏事件的发生。《燃气工程项目规范》(GB 55009—2021) 5.1.20 条规定，埋地钢质输配管道应采用外防腐层辅以阴极保护系统的腐蚀控制措施；新建输配管道的阴极保护系统应与输配管道同时实施，并应同时投入使用。《城镇燃气埋地钢质管道腐蚀控制技术规程》(CJJ 95—2013) 中规定了防腐层的性能、涂覆、防腐管的施工和验收，阴极保护系统的设计施工、腐蚀控制工程的运行管理等规定。在实际工作中严格按照标准的规定执行，可以很好地控制管道的腐蚀，保证管道的安全运行。

2. 间接原因

（1）违规建设造成事故隐患。2005 年 3 月，东风燃气公司未经主管部门审批同意敷设涉事管道（D57 ×4），此时涉事管道尚未下穿涉事故建筑物。2008 年 10 月，东风燃气公司违规对涉事管道中压支管进行局部改造，改造后的事故管道穿越涉事故建筑物下方的密闭空间，形成安全隐患。

燃气中压钢制管道，沿河道、建筑底板跨河架空敷设。事发建筑物虽然是架空建设，但是河道已经基本全部封闭，形成建筑物的负一层。依据《城镇燃气设计规范（2020 版）》(GB 50028—2006) 6.3.3 条规定，地下燃气管道不得从建筑物和大型构筑物下面穿越。可见，东风燃气公司燃气管道的设计、安装不符合规范要求。

（2）隐患排查整改长期不落实。涉事管道使用中，先后作为运营单位的东风中燃公司和十堰东风中燃公司，多年来未能消除隐患。尤其是十堰东风中燃公司负责涉事管道巡检人员自公司成立至事发，从未下河道对事故管道进行巡查。

（3）企业应急处置严重错误。东风中燃公司应急管理责任不落实，应急预案流于形式，应急反应迟缓，企业主要负责人没有赶往事故现场指挥应急处置；抢修队员第一次进入现场未携带燃气检测仪检测气体；不熟悉所要关闭的阀门位置所在，只关闭了事故管道上游端的燃气阀门，未及时关闭事故管道下游端的燃气阀门以便保持管道内正压和防止回火爆炸；未按企业预案要求采取设立警戒、禁绝火源、疏散人员、有效防护等应急措施；在燃爆危险未消除的情况下，向公安、消防救援人员提出结束处置、撤离现场的错误建议，严重误导现场应急处置工作，以致事故未能避免发生。地方政企之间应急联动机制不完善，基层应急处置能力不足、经验不够。

（三）事故启示

从燃气运行维护人员的角度，需要做好以下几个方面的工作。

（1）熟悉所运行燃气设施的情况，包括投产年限、管道材质、管径、压力、埋设部位等基本信息。

（2）掌握调压器、阀门、过滤器等设备的原理、维护要求等技能。

（3）掌握泄漏检测仪器的使用方法并能够正确使用。

（4）严格按照周期进行巡检，不能有失职的现象发生。

（5）严格按照操作规程的要求执行操作。

二、地下管道锈蚀漏气致居民楼爆炸事故

（一）事故经过

2004 年 5 月 29 日 19 时 45 分，四川省泸州市纳溪区炳灵路 15 号居民楼人行道下发生天然气管道爆炸，造成 5 人死亡、35 人受伤，直接经济损失近 200 万元。事故造成临街 11 家商业门面严重毁损，用预制板等物搭成的数十米人行过道全被震飞，门面与街面之间形成一条宽约 50 厘米、深约数米的深坑。负一层 10 余户居民房屋、家具毁损严重。

（二）事故原因及分析

1. 直接原因

事故直接原因是天然气管道（DN100）上存在泄漏点。泄漏的燃气经地面缝隙扩散到排污沟内，经排污沟通过公路，窜入17幢楼负一楼街面堡坎构成的夹墙并在其中聚集，形成爆炸混合气体，经人行道盖板缝隙扩散至人行道上，遇不明火种引起爆炸，酿成事故。

2. 间接原因

（1）一住户违章建房并在内居住，夹墙内气体不流通形成死角，为事故发生创造了条件。

在2004年5月初，17幢一楼门市上就有人发现有天然气味，但未引起重视。5月20日，住户到市天然气公司管理所反映天然气气味较重，巡检人员到现场只是打开污水沟的盖板闻了一下，无法确认是否是天然气泄漏，最终草率地得出结论：天然气管道在路的对面，这边的气味不是燃气味。这个草率的结论最终导致事故发生。

（2）某运输公司擅自违章使用泄洪工程设施，在17幢楼负一楼砌墙建职工临时宿舍，形成负一楼与街道堡坎间夹缝，造成泄漏的天然气积聚，同时造成人员聚集较多，加重了事故损失。

（3）造成这起事故的一个关键因素是巡检人员的责任心不强，仅凭鼻子闻就得出不是燃气泄漏的结论。没有按规定定期巡检，未能及时发现事故隐患，清除不安全因素。

（三）事故启示

这起事故具有典型性。天然气和沼气的主要成分都是甲烷，20年前仅凭甲烷检测仪是无法区分是何种燃气泄漏的。随着科技的发展，出现了乙烷辨识技术。该技术是通过辨识天然气中含有的乙烷成分来判定是天然气泄漏还是沼气挥发。住房城乡建设部发布实施了行业标准《城镇燃气管网泄漏检测技术规程》（CJJ/T 215—2014）。通过该标准的贯彻实施，保证泄漏检测工作落实到位，及时发现并消除泄漏隐患，杜绝泄漏事故发生。

从燃气运行维护人员的角度，需要做好以下几个方面的工作。

（1）增强员工的责任心，确保巡检工作落实到位，不能敷衍了事。

（2）开展泄漏检测相关技能的培训，包含泄漏原理、检测仪器原理、设备使用操作培训。

（3）燃气企业按业务范围配置相应的泄漏检测仪器，保证泄漏检测工作正常开展。

（4）按标准要求定期开展专项泄漏检测工作，及时发现并消除泄漏隐患。

（5）定期维护保养泄漏检测仪器，保证仪器性能正常。

三、有限空间违规作业中毒事故

（一）事故案例

1. 广东东莞市中堂镇某纸业有限公司“2·15”较大中毒事故

2019年2月15日，广东省东莞市某纸业有限公司环保部主任安排2名车间主任组织7名工人对污水调节池（事故应急池）进行清理作业。当晚11时许，3名作业人员在池内吸入硫化氢后中毒晕倒，池外人员见状立刻呼喊救人，先后有6人下池施救，其中5人中毒晕倒在池中，1人感觉不适自行爬出。事故最终造成7人死亡、2人受伤，直接经济损失约1200万元。

2. 湖北武汉市江夏区某街“9·23”较大中毒和窒息事故

武汉江夏路桥工程总公司负责江夏区某街凤杨大道地下污水管网清淤作业，将清淤作业委托给武汉德乾路桥有限公司。2019年9月23日11时30分左右，武汉德乾路桥有限公司在凤杨大道一排污检查井进行清淤作业，1名现场人员入井作业时晕倒，现场另3人发现后未采取任何防护措施下井救人，发生中毒和窒息事故，最终造成3人死亡、1人受伤，直接经济损失约391.06万元。

3. 徐州某化工有限公司“12·31”较大中毒事故

2019年12月31日20时许，江苏省徐州某化工有限公司承包商重庆华为液化空气设备制造有限公司人员在脱硫塔内维修作业时，盲目排放脱硫液造成液封失效，憋压在循环槽上部空间的煤气冲破液封进入塔内，导致塔内5名施工人员中毒事故，其中3人经抢救无效死亡，直接经济损失约402万元。

（二）事故原因及分析

近年来，有限空间作业中毒窒息等较大生产安全事故多发频发，安全形势复杂严峻，给人民群众的生命财产安全造成重大损失。究其原因如下。

（1）对有限空间作业风险辨识能力不足、认识不到位。

（2）未执行有限空间作业审批制度和操作规程。

（3）作业由不具备安全生产条件的人员进行操作。

（4）未按规定配备必要的防护用品和应急装备。

（5）安全教育培训不到位，作业人员习惯性违章作业，出现紧急状况时盲目施救。

（三）事故启示

预防有限空间事故主要做好以下几方面工作。

（1）作业单位配置相关的防护设备，所有作业人员掌握防护设备的使用方法。

（2）做好三级安全教育培训，尤其是对新员工进行有限空间安全生产教育培训，经考试合格后，方可上岗操作。培训的内容包括有限空间作业危险特性、有限空间个体防护用品的使用和维护、有限空间安全生产管理、有限空间安全事故的应急救援和现场急救。北京市已将地下有限空间监护人员纳入特种作业考核范围。按照《有限空间作业安全技术规范》（DB11/T 852—2019）7.5.1 条规定的要求，存在有限空间的单位应对作业安全管理人员、作业负责人、监护者、作业者和应急救援人员每年至少组织 1 次有限空间作业安全专项培训，按照 7.5.4 条的要求，从事地下有限空间作业的，监护者应按照有关规定，经培训考核合格，持证上岗作业。监护者应持有效的地下有限空间作业特种作业操作证。作业负责人、监护者和作业者应经地下有限空间作业安全生产教育和培训合格。

（3）作业人员要严格按照有限空间作业的相关制度和操作规程进行操作。

（4）定期开展应急演练。全面辨识有限空间作业中可能遇到的危险有害因素、可能发生的紧急情况，编制科学、合理、可行、有效的事故应急救援预案，并保证每年至少演练 1 次。

四、未探明燃气管线位置盲目施工造成 23 人受伤事故

（一）事故经过

2022 年 6 月 21 日，天津某建筑工程有限公司在宝坻区北城东路与吴苏路交口进行交通信号设施拉管钻孔施工。16 时 16 分左右，施工人员在进行拉管作业钻孔过程中，钻头将燃气中压管道钻穿，造成燃气泄漏。16 时 45 分左右，位于泄漏点西侧 40 m 处的华莱士快餐店发生闪爆，造成 23 人受伤（其中 3 人重度烧伤），直接经济损失 666 万元。

2022 年 6 月 17 日，该公司在宝坻区北城东路进行宝坻区 2021 年道路交通管理设施建设项目土石方工程施工。6 月 19 日 10 时左右，泰达滨海公司巡线员巡线时发现北城东路与吴苏路交口附近有施工单位在进行基础施工。经询问，该施工后期需进行拉管作业，巡线员告知现场施工负责人，施工现场附近有燃气管道，拉管施工作业前需签订管道保护协议，并告知燃气公司，后双方互留联系方式。6 月 21 日 9 时左右，施工单位通知巡线员在施工现场进行拉管作业。巡线员到现场后给施工现场负责人下达了天然气管道第三方施工告知书，并按燃气管线标识指导施工单位挖寻燃气管线位置，至中午仍未找到燃气管线确切位置。14 时许，巡线员到施工现场继续指导施工人员挖寻燃气管道位置。15 时左右，施

工单位在未能确定燃气管道具体位置的情况下，自北城东路与吴苏路口西侧37 m处，距北城东路南侧路肩0.5 m的位置作为钻入点，向北城东路与吴苏路交口方向进行钻孔作业，巡线员未进行阻止。16时16分左右，现场作业人员将南北向的天然气管道钻穿，造成燃气泄漏。巡线员立即向泰达滨海公司进行电话报告，16时36分许泰达滨海公司抢险人员到达现场后立即关闭了管道阀门。期间，泄漏的天然气沿钻杆四周窜入至污水管道，经污水管道溢散至华莱士快餐店。16时45分左右，华莱士快餐店内发生闪爆。

（二）事故原因及分析

该起事故的直接原因为施工单位在未探明燃气管线位置的情况下进行钻孔施工，拉管机钻穿地下污水管道后，又将天然气管道钻穿，造成燃气泄漏，泄漏的燃气沿钻杆窜入污水管道，经华莱士快餐店下水管进入店内，形成爆炸性混合气体，遇店内冰箱温控器启动的电火花发生闪爆。

在该起事故中巡线员有不可推卸的责任，未有效劝阻和制止施工单位落实燃气管道保护措施并向政府相关部门报告。另外，巡线员对管线位置不熟悉，没有及时准确指出燃气管道确切位置，施工单位急于开工等也是导致事故的重要原因。

（三）事故启示

近几年，随着我国城市建设步伐不断加快，施工数量剧增，第三方施工破坏燃气管道数量的增加成为燃气公司面临的共性问题。据统计，第三方破坏造成的事故是其他原因管网事故的4倍以上，我国大中型城市平均每年发生第三方施工致燃气管道泄漏的事故上百起，平均每3天发生1起，严重影响了人们的正常生活，造成了严重的负面影响。

预防第三方破坏燃气管道，主要做好以下几方面工作。

（1）清楚管道埋设位置。

（2）定期巡视管道，及时发现施工迹象，做好施工配合工作。

（3）管道沿线警示标志清晰完整，能够起到提示作用。

（4）利用高科技手段对施工进行全天候监控。

第六章　门站和储配站

第一节　工艺流程与设备设施

一、工艺流程

门站是燃气长输管线和城镇燃气输配系统的交接场所，主要负责接收上游长输管线来气，送入下游城市高压、次高压和中压管网，由过滤、调压、计量、配气、加臭等设施组成，如图 6－1 所示。

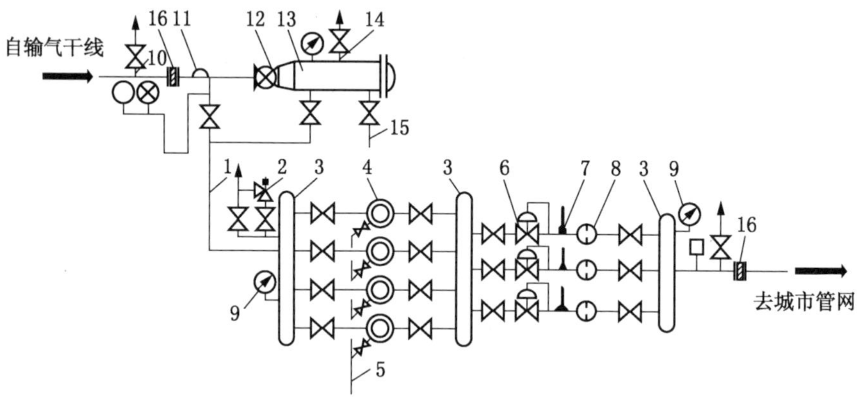

1—进气管；2—安全阀；3—汇气管；4—过滤器；5—过滤器排污管；6—调压器；7—温度计；8—流量计；9—压力表；10—干线放空管；11—清管器通过指示器；12—球阀；13—清管器接收筒；14—放空管；15—排污管；16—绝缘法兰

图 6－1　天然气门站工艺流程图

储配站是城镇燃气输配系统中储存和分配燃气的场所，由具有接收储存、配气、计量、调压或加压等功能的设施组成，如图 6－2 所示。

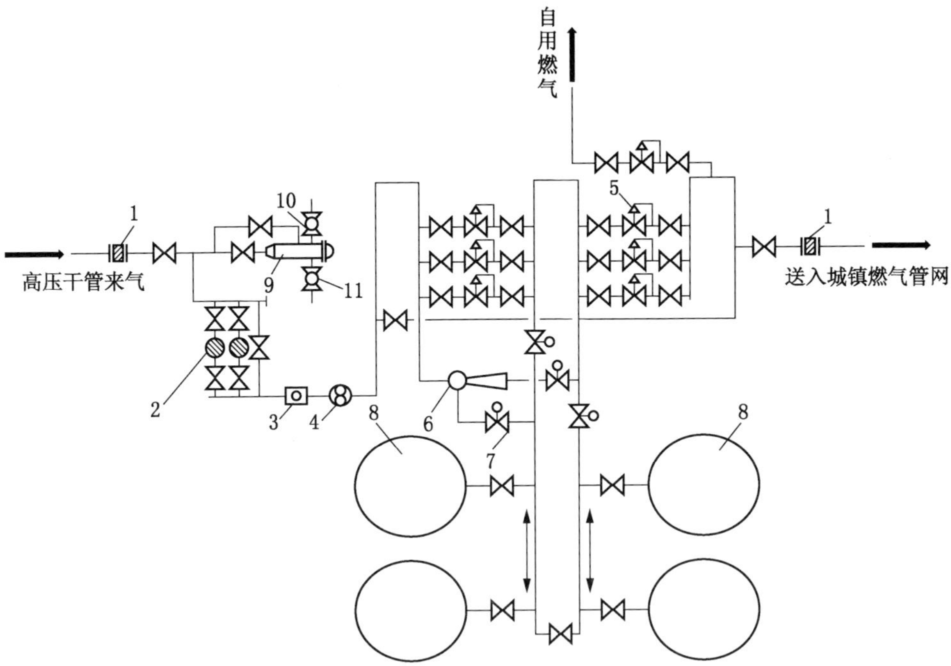

1—绝缘法兰；2—过滤器；3—加臭装置；4—流量计；5—调压器；6—引射器；
7—电动球阀；8—储罐；9—清管器接收筒；10—放散阀；11—排污阀

图6-2 天然气储配站工艺流程图

二、设备设施

门站、储配站设备设施主要包括阀门、过滤装置、计量装置、加臭装置、加热装置、调压装置、储罐、收发球装置、集中放散装置、工艺管道、紧急切断阀、安全放散阀、压力和温度监测装置、数据采集监控装置、排污收集装置以及仪表控制系统、供电系统、防雷防静电装置、燃气浓度监测报警装置、消防设施等，实景如图6-3、图6-4所示。

图 6－3　门站实景图

图 6－4　储配站实景图

第二节　工作内容及安全要求

一、运行

（一）工作内容

门站、储配站巡检主要包含对巡检路线的规划和对各设备设施运行状态的检查、记录，发现问题及时处理。

1. 环境

门站区域较大，设备设施众多，巡检前需要合理规划出路线，可以在地面画出带颜色的路线标记。环境巡检主要包括围墙、消防通道、防撞装置、设备间、应急装备及安全警示标志等内容。其中，围墙应完好，无沉降、无裂缝；消防通道应保持畅通，防止救援时有障碍物阻碍救援；防撞装置应完好，真正起到保护设备设施的作用；设备间内应保持整洁卫生，无杂物堆放，设备之间的通道不能有妨碍操作的堆积物及易燃易爆物品；应急物资主要有呼吸防护用品、防爆照明灯具、三脚架及安全绳、警示牌、围挡等，为了便于取用，应放置在专用柜或在作业现场指定的存放地点并确保在有效性之内；生产区和设备设施上的安全警示标志，要齐全完好，如果发现有缺失、破损或不清晰的需要及时更换。

2. 工艺流程

门站内设备设施巡查，主要指对调压器、过滤器、阀门、站内工艺管道、计量装置、加臭装置、附属安全装置及仪器仪表等进行巡视、检查（巡检）。巡查包含以下内容。

（1）通用要求：设备外观应完好无损，无油污、无腐蚀等现象；设备运行正常，无异常振动和声响；设备本体及连接处应无泄漏，如存在泄漏，在泄漏消除前应采取有效措施；所有设备设施、附属安全装置及仪器仪表应定期运行、维护和检修，保证其处于完好状态；静电接地及避雷装置应定期检测。

（2）观察调压器的出口压力与设定压力的偏差值是否在允许范围之内，有无喘振等异常现象。如果出口压力不符合要求，或者存在喘振等不正常现象，需要对调压器及时进行调试或检修。

（3）过滤器差压表显示正常，指示值在正常范围，清除的杂质不能随意排放、丢弃，危险废物做到可靠收集，并应集中处置。过滤器上的压差表如超出正常范围，说明过滤器需要进行清理。

（4）阀门手轮、手柄齐全。阀门上的阀位显示处于全开或全关的位置，不可用于调节流量。开关不到位，燃气中的杂质可能会损伤阀门的密封面，或堆积在阀口处造成阀门关闭不严。

（5）检查加臭泵工作是否正常，电机是否存在异响、输出工作压力是否有异常等现象；开关指示标牌是否准确。加臭罐的液位及加臭量是否正常；控制室显示加臭剂储罐液位数据与现场液位计显示是否相符。加臭装置在正常工作状态下回流阀是否已经关闭并挂牌进行上锁管理。积液池、围堰是否清洁无积水、无杂物，如有立即清理；是否备有四氢噻吩吸附剂并定期更换；加臭装置旁是否设置洗手池。

（6）计量装置机械封印正常，读数清晰。机械封印封在设备的开口处，需要保证其完好性。一旦发现其被破坏，表明数据有可能失准。检查显示的各项参数数据，确认与控制中心远传数据一致。

3. 储罐

（1）日常巡检包含对储罐外壁进行外观检查，表面无凹陷，漆膜无脱落，无结露“冒汗”、结霜现象，储罐支腿无开裂。

（2）检查储罐附带的液位、压力、温度、密度等测量装置，储罐日常运行压力不得高于最大工作压力，液位不得超过最大允许充装量，储存液位宜控制在允许范围内。

（3）对储罐基础、防火堤的完好性进行检查。

4. 附属安全装置及仪器仪表

门站内附属安全装置包含放散系统、切断阀、报警控制系统等。安全放散阀阀体上检验标签应完好，且在校验有效周期内；应注明下次校验时间；安全放散阀与被保护设施之间的阀门应全开；安全切断阀和可燃气体报警器完好有效。

仪器仪表应符合下列要求：应在检定和/或校准周期内；读数清晰；仪表与被测量设备之间的阀门应全开。

5. 消防设施

定期对消防设施和消防器材进行巡检，确保消防设施完好有效。消防水池的水质应良好，无腐蚀性，无漂浮物和油污；消防泵房内应清洁干净，无杂物和易燃物品堆放；消防泵和喷淋泵应运行良好，无异常振动和异响，无漏水现象；消防供水装置无遮蔽或阻塞现象，站内消火栓水阀应能正常开启，消防水管（带）、水枪和扳手等器材应齐全完好，无挪用现象；灭火器材无埋压、圈占和挪用且完好有效。对于消防系统还需要定期进行启动运行检查，对于灭火器材需要定期进行校验。

6. 配电室

配电室内有大量的电气设施，在巡检过程中主要检查配电室的警示标志、门窗密闭情况等。主要要求有：配电室门口应有禁止无关人员进入的警示标志，巡检时应检查标志的完好性，如标志破损需及时更新；配电室的门、窗关闭应密合，电缆孔洞应用绝缘油泥封闭，为防止鼠、蛇类等小动物进入，配电室与室外相通的门、窗、洞、通风孔应设有挡板、网罩；配电室内的应急照明设备应完好有效；电缆沟上应盖有完好的盖板。

7. 电气设施

巡检时主要检查以下内容：生产区内的电气设备均应是防爆型电气设备，应该使用符合规范的设备；电器元件及线路应接触良好，连接可靠，无严重发热、烧损现象；外露带电部分应屏护完好；电气箱柜体内外应整洁、完好、无杂物、无积水；电气箱柜前应留有检修距离，前方1.2 m范围内无障碍物；检查防雷防静电接地装置，保护接地应完好。

8. 监控及数据采集系统

监控及数据采集系统设备外观应保持完好，在爆炸危险区域内的仪器仪表应有良好的防爆性能，不应有漏电、漏气和堵塞状况。机箱、机柜和仪器仪表应有良好的接地。

监控中心的要求：各类设备运行正常；操作键接触良好，显示屏幕显示清晰、亮度适中；记录曲线清晰、无断线，打印机打字清楚，字符完整。

（二）安全要求

（1）巡检人员应具备上岗资格，身体、精神状况良好。其他特种作业人员（或特种设备作业人员、特种设备管理人员）经专业培训，取得有关资质证明，如电工、焊工、快开盲板式压力容器操作工等。

（2）巡检人员按要求穿戴防静电工作服、安全鞋、手套、安全帽，长发应束紧不外露，佩戴耳塞或耳罩（防止气流声过大伤害听力）等。不应携带手机、打火机及其他易燃易爆物品。进站前应消除身体静电。

（3）巡检时应携带齐全相关工具、设备。

① 作业工具：可燃气体检测仪、防爆通信设备，夜间巡检应佩戴防爆照明设备。

② 仪器、设备完好，电量充足；仪器、设备携带尽量按照一用一备原则。

③ 相关材料：签字笔或钢笔、巡查记录单等携带齐全。

（4）发现泄漏后及时上报，泄漏原因及泄漏未消除前需要采取措施，不得撤离。

（5）巡检中发现的问题应及时上报，主动寻找责任主体，主动按要求对接，不得瞒报、漏报。对可能造成他人伤害或经济损失的，要做好警戒与监护工作，等待后续处置。

（6）工作中注意文明用语，沟通交流中理智、冷静，避免发生冲突事件，遇到危及自身安全的行为，寻求法律保护。

（7）保管好工具、设备，巡检结束后清点，避免丢失、损坏。

二、设备检修

（一）工作内容

（1）设备检修前应进行下列准备工作：提前启动备用管路测试操作；放散检修段内的天然气，观测压力为零时方可进行下一步操作；确认待修调压装置进、出口阀门已关闭严密；密封件、易损零部件、过滤器滤芯配置齐全且完好；如螺栓锈蚀严重应提前涂抹除锈剂。

（2）调压器检修应包括：主调压器、指挥器的拆解（拆卸）和安装，检查清洗所有机械零部件、更换所有密封件及失效零部件，出口压力和关闭压力等性能测试，调压器外壳及支架的维护等内容。

（3）过滤器的检修工作应包括：滤芯、密封圈等易损件更换，快开盲板及其安全联锁装置检查和维护，零部件清洗、除锈、润滑，过滤器仪表及安全阀检查、差压表信号管吹扫，过滤器外表面维护。

（4）阀门的维护保养包括阀门的启闭维护操作、注油、电动执行机构的维护等内容。

（5）设备检修完成后达到的合格标准：外观应清洁无污物，各设备及支架漆膜应完好无锈蚀；调压器出口压力和关闭压力等性能指标应符合规定要求；过滤器前后压差应在规定范围内，压差表应指示正常；超压切断阀的切断压力应符合规定；管道及设备、阀门等连接点应无泄漏。

（6）检修完毕后应对检修使用的工具、设备等进行检查清点，并应填写检修记录，与更换零部件的质量证明文件等一并存档。

（二）安全要求

（1）作业人员应具备上岗资格，身体、精神状况良好。其他特种作业人员（或特种设备作业人员、特种设备管理人员）经专业培训，取得有关资质证明，如电工、焊工、快开盲板式压力容器操作工等。

（2）作业人员按要求穿戴防静电工作服、工作鞋、手套、安全帽，长发应束紧不外露，佩戴耳塞或耳罩等。

（3）作业时应携带齐全相关工具、设备。

① 作业工具：防爆工具、可燃气体检测仪、防爆通信设备，夜间巡检应佩戴防爆照明设备。

② 尽量按一用一备原则携带仪器、设备。

③ 相关材料：签字笔或钢笔、巡查记录单等携带齐全。

(4) 发现泄漏后立即上报，泄漏原因及泄漏未消除前需要采取措施，不得撤离。

(5) 在作业中发现的问题应及时上报，主动寻找责任主体，主动按要求对接，不得瞒报、漏报。对可能造成他人伤害或经济损失的，要做好警戒与监护工作，等待后续处置。

(6) 作业时严格遵守操作规程，确保安全。

(7) 工作中注意文明用语，沟通交流中理智、冷静，避免发生冲突事件，遇到危及自身安全的行为，寻求法律保护。

(8) 保管好工具、设备，每日运行结束后清点，避免丢失、损坏。

三、生产作业

门站、储配站生产作业包含调压装置主副路切换、加臭剂加注等。

(一) 调压装置主副路切换

调压装置需要定期进行主副路的切换操作，在周期性启动副路运行时，副路启动后可再次测试主路的关闭压力是否正常。若不正常需要及时检修，保证调压器的性能符合要求。主副路切换时应按照以下程序进行操作。

(1) 缓慢开启副路进口阀门，再开启该调压支路放散阀门，设定调压器出口压力。

(2) 调压器出口压力应在出口压力合格范围内，如超出规定值，应对其进行调试，直至其符合规定。

(3) 关闭放散阀门，测试调压器的关闭压力；调压器关闭压力应符合要求。

(4) 开启调压器出口阀门，并对出口压力进行微调。

(5) 依次关闭原运行调压器的进口、出口阀门。

(二) 加臭剂加注

如果加药机内没有加臭剂或加臭剂不足，储罐内的药剂在玻璃管底部 100 mm 时，就应补充药剂。

检查压料器连接是否完好，检查压料器的上料限流阀是否堵塞，确认压料器完好无误后，关闭上料限流阀。检查加药机储罐上各阀门的开关状态是否正确，压料上料阀、排空阀、液面计底阀、顶阀及顶阀上盖均完全打开。在室外操作时，应顺风操作；室内操作时，应打开门窗保持通风良好。压料时压力控制在0.1 MPa以下，料桶压力限制在0.05 MPa以下。压料完成后，先关闭气源，后关闭限流阀，然后缓慢地松开压料器上锁紧螺钉，使物料桶内的气压泄掉后，尽可能提高尼龙管，使管内残余物料回流到物料桶内，取出储药罐内上料尼龙管，关闭上料阀及排空阀，盖好物料桶盖，放置在安全处。

加臭装置初次投入使用前或加臭泵检修后，应对加臭剂输出量进行标定。带有备用泵的加臭装置需要定期进行切换运行，每3个月不得少于1次。应保持加臭剂原料罐与现场储罐之间密闭连接，现场储罐内排出的气体应进行吸附处理，加臭剂气味不得外泄。

加臭机上料工艺流程如图6－5所示。

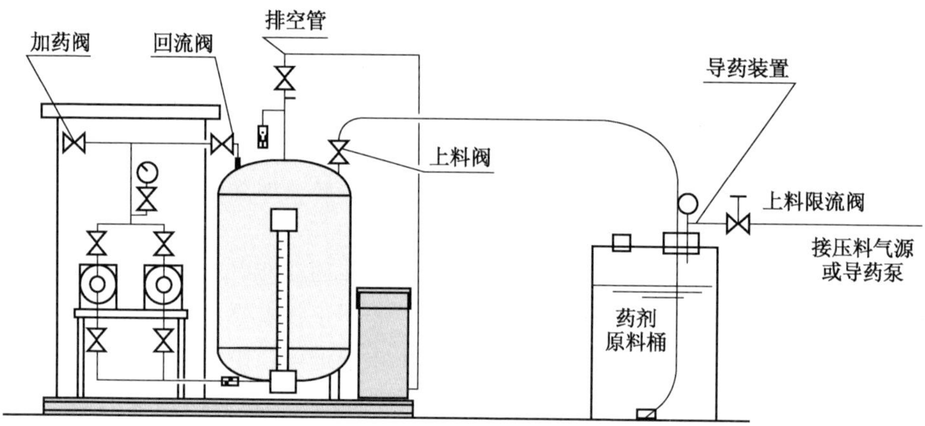

图6－5　加臭机上料工艺流程图

（三）安全要求

（1）作业人员应具备上岗资格，身体、精神状况良好。其他特种作业人员（或特种设备作业人员、特种设备管理人员）经专业培训，取得有关资质证明，如电工、焊工、快开盲板式压力容器操作工等。

（2）作业人员按要求佩戴口罩，穿防静电工作服、工作鞋、手套、安全帽，长发应束紧不外露，戴耳塞或耳罩等。

（3）作业时应携带齐全相关工具、设备。

① 作业工具：防爆工具、可燃气体检测仪、防爆通信设备，夜间巡检应佩戴防爆照明设备。

② 仪器、设备完好，电量充足；仪器、设备携带尽量按照一用一备原则。

③ 相关材料：签字笔或钢笔、巡查记录单等携带齐全。

（4）发现泄漏后及时上报，泄漏原因及泄漏未消除前需要采取措施，不得撤离。

（5）在作业中发现的问题应及时上报，主动寻找责任主体，主动按要求对接，不得瞒报、漏报。对可能造成他人伤害或经济损失的，要做好警戒与监护工作，等待后续处置。

（6）作业时严格遵守操作规程，确保安全。

（7）工作中注意文明用语，沟通交流中理智、冷静，避免发生冲突事件，遇到危及自身的行为，寻求法律保护。

（8）保管好工具、设备，每日运行结束后清点，避免丢失、损坏。

四、应急抢修

应急抢修是指发生危及安全的泄漏以及引起停气、中毒、火灾、爆炸等突发事件后为尽快控制和减少事件造成危害而采取的紧急措施的作业。应急抢修主要的安全要求如下：

（1）接到抢修报警后应立即启动应急预案，并应根据事故情况联系有关部门协作抢修。抢修作业应统一指挥，服从命令，并应采取安全措施。

（2）门站、储配站发生的事故可能导致人员中毒或火灾、爆炸事故，危及周围人身财产安全时，应协助公安、消防及其他有关部门进行抢救、保护现场和疏散人员。

（3）抢修人员应佩戴职责标志。进入作业区前应按规定穿戴防静电服、工作鞋及防护用具，并严禁在作业区内穿脱和摘戴。作业现场应有专人监护，严禁单独操作。

（4）抢修人员到达现场后，应根据燃气泄漏程度和气象条件等确定警戒区、设立警示标志，在警戒区内应管制交通，严禁烟火，无关人员不得留在现场，并应随时监测周围环境的燃气浓度。

（5）燃气设施因燃气泄漏发生火灾时，应及时切断气源控制火势。

（6）当燃气泄漏发生爆炸后，应迅速控制气源和火源，防止引发次生灾害。

（7）当燃气设施因调压设备、安全切断设施失灵等造成出口超压时，应立即关闭设备进出口阀门，并应对超压管道放散降压，排除故障。

（8）加臭剂泄漏。泄漏出的加臭剂液体可用吸附剂进行吸附，吸附后的废弃物应放入封闭的容器中并按照有关规定进行处理；根据国家的或当地的规定，妥善处理收集后的吸附废弃物或液体，并按加臭剂储存的有关规定进行临时储存，最后交由有资质的单位进行处理。

（9）设施事故隐患未查清或隐患未消除时，抢修人员不得撤离现场，并应采取安全措施，直至隐患消除为止。

知识拓展：

《中华人民共和国固体废物污染环境防治法》的规定："收集、贮存、运输、利用、处置固体废物的单位和个人，必须采取防扬散、防流失、防渗漏或者其他防止污染环境的措施；不得擅自倾倒、堆放、丢弃、遗撒固体废物。禁止任何单位或者个人向江河、湖泊、运河、渠道、水库及其最高水位线下的滩地和岸坡等法律法规规定禁止倾倒、堆放废弃物的地点倾倒、堆放固体废物"。

加臭剂泄漏的处置如下。

（1）少量泄漏的处理：用活性炭或其他惰性材料吸附；用防爆工具将吸附后的材料收集于收纳桶中，并密封好；用化学药剂清洗地面及接触到的物体表面，以清除残留的臭味；清洗废液也应收集于收纳桶中，并密封好。

（2）大量泄漏的处理：迅速撤离泄漏污染区人员至安全区（上风向），并对泄漏污染隔离，严格限制出入，切断火源；加强现场通风，防范蒸汽积累达到可爆炸的浓度以及蒸汽在低洼处积聚；筑围堤或挖坑收容；应采取措施防止泄漏的加臭剂流入下水道、排洪沟等，使用吸附剂或消除剂等及时消除加臭剂造成的污染。

第三节　相关事故案例

天然气管道腐蚀破裂导致燃气爆炸事故

2006 年 1 月 20 日 12 时 17 分，某油气田分公司输气管理处仁寿运销部富加输气站大修改造通气后发生天然气管道爆炸着火事故。此次事故共造成 10 人死亡，3 人重伤，47 人轻伤，损坏房屋 21 户，计 3040 m^2，输气管道爆炸段长 69.05 m，直接经济损失 995 万元。

一、事故经过

2006 年 1 月 19 日 7 时 30 分，管道碰口作业开始施工，18 时 30 分施工完毕；1 月 20 日 8 时 30 分，组织从富加至文宫方向置换空气；1 月 20 日 10 时 30 分，完成置换空气作业，开始缓慢升压；1 月 20 日 10 时 40 分、11 时 40 分，作业人员两次巡检无异常。压力缓慢升至 1. 07 MPa，恢复正常流程。

12 时 17 分，富加站至文宫站方向距工艺装置区约 60 m 处，因 ϕ720 mm 输气管线泄漏的天然气携带硫化亚铁粉末从裂缝中喷射出来遇空气氧化自燃，引发泄漏天然气管外爆炸（第一爆炸）；因第一次爆炸后的猛烈燃烧，使管内天然气产生相对负压，造成部分高热空气迅速回流管内与天然气混合，引发第二次爆炸。当班工人立即向输气处调度室报告了事故情况，同时向富加镇政府和派出所报告。12 时 20 分左右，富加站至汪洋站段方向距工艺装置区约 63 米处，又发生了与第二次爆炸机理相同的第三次爆炸。当第一次爆炸发生后，富加集输站值班宿舍内的员工和家属，在逃生过程中恰遇第三爆炸点爆炸，导致多人伤亡。

输气管理处在接到报告后，输气调度室立即通知文宫、汗洋两站紧急关断干线截断球阀并进行放空。13 时 11 分，文宫站至汗洋站段放空完毕。13 时 30 分，事故现场大火扑灭，17 时 40 分，临近建构筑物余火被扑灭。

二、事故原因及分析

1. 直接原因

ϕ720 mm 管材螺旋焊缝存在缺陷，在一定内压作用下管道出现裂纹，导致天然气大量泄漏。泄漏点上方刚好有一棵白杨树（树干直径 400 mm，约高 17 m，主根部径向展开直径 1. 8 m 左右），由于根系发育使土质变得较为疏松，泄漏的天然气在根系发育的树蔸下聚集，加之泄漏的天然气携带硫化亚铁粉末从裂缝中喷射出来遇空气氧化自燃，引发泄漏天然气爆炸（系管外爆炸），同时造成管道撕裂。因第一次爆炸后的猛烈燃烧，使管内天然气产生相对负压，造成部分高热空气迅速回流管内与天然气混合，引发第二次爆炸，约 3 min 后引发第三次爆炸（爆炸机理与第二次爆炸相同）。

2. 间接原因

（1）管道运行时间长，管材疲劳受损。

（2）管道建设时期，防腐工艺相对落后。

（3）管道内壁也受到腐蚀。该管道自投产以来，曾在相当长时期内输送低含硫湿气，管线处于较强内腐蚀环境，导致管内发生腐蚀，伴有硫化亚铁粉末产生。

（4）第一爆点上方白杨树根系发育使土质变得较为疏松，为天然气泄漏并在管外聚集提供了条件，同时管道附近还有其他根茎植物。

（5）富加输气站场及进、出管道两侧存在较多建构筑物，且厂站周围建构筑物过密，以致逃生通道狭窄，人员不能及时安全撤离。

（6）员工、家属和附近居民在逃生过程中恰遇第三爆炸点爆炸。

管道巡查保护不力，对仁寿富加输气站周围建筑密集的问题未能及时发现并予以整改。

3. 管理原因

（1）本次威青线大修工程投产方案采用天然气直接置换空气方式，严重违反了《天然气管道运行规范》（SY/T 5922—2024）的规定，并且没有按规定在置换结束后对排放口排出气体进行检测。

（2）施工组织方案不落实。虽然按照威青线施工组织方案成立了由输气管理处及运销部两级领导和技术人员组成的现场领导组、技术组、保镖组、后勤保障组等组织，但是在投产作业过程中，没有到现场对工程技术质量和安全环保进行检查把关。

（3）西南油气田修建富加站值班宿舍时，未严格执行《石油天然气管道保护法》及有关规范的规定，在管线、厂站的安全距离内建房，并将厂站逃生通道选择在管道上方，且违反有关规定允许员工家属住在厂站值班宿舍。

（4）油气田分公司对基层单位的安全生产管理工作存在不足，特别是输气管理处对役龄较长的输气管线存在的安全隐患重视不够，管道巡护责任不落实，管理人员对巡线工执行管道巡护操作规程的情况监督检查不力，致使管道上方和管道附近深根植物长期存在，没有及时处置。未能及时发现仁寿富加输气站圈围建筑密集的问题并予以整改。

三、事故启示

（1）以提高执行力为重点，切实加强领导班子和干部队伍建设。

（2）针对基层建设工作中存在的薄弱环节，抓好以增强责任心、提高执行力、加强专业知识和业务技能为主要内容的基层队伍建设。

（3）严格执行管道运行管理的标准规范。

（4）举一反三，查找问题，堵塞漏洞，严格隐患整改。从本质安全、隐患和违章占压、适应能力、操作规程和制度、安全风险评估五个方面，开展地面集输系统的全面清理、分析和评估，积极推广以在役集输管线的检测与评价技术为代表的新技术，提高决策的科学性，加强管线测绘，推进管线保护工作。

（5）加强管道安全保护工作的监督和管理。

（6）狠抓安全环保基础工作，努力提升安全环保基础管理水平。做好各级应急预案的修订工作，完善四级应急预案体系，扎实做好预案的演练工作。结合岗位特点，对现有操作规程和技术规范进行清理、修订和完善，抓好生产一线员工岗位应知应会培训，严格执行操作规程。要认真吸取事故教训，进一步查找工作和管理上的薄弱环节，制订有针对性的整改措施。

第七章　压缩天然气厂站

根据《压缩天然气供应站设计规范》(GB 51102—2016)，压缩天然气厂站分为压缩天然气加气站、压缩天然气储配站、压缩天然气瓶组供气站三种，如图7－1所示。

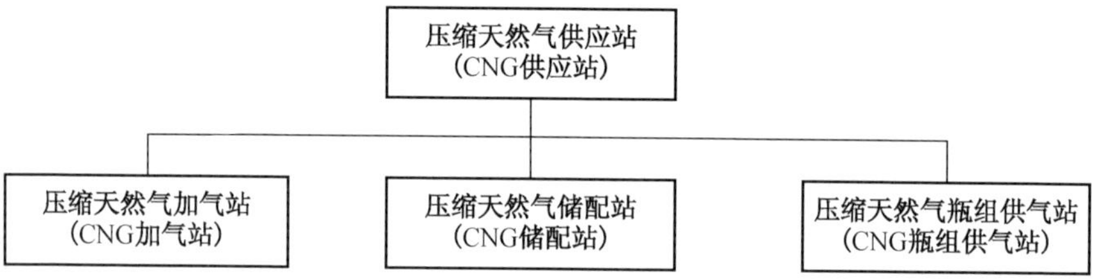

图7－1　压缩天然气供应站分类图

第一节　工艺流程与设备设施

一、压缩天然气加气站

压缩天然气加气站将由管道引入的天然气经净化、计量、压缩后形成压缩天然气，并充装至气瓶车、气瓶或气瓶组内，以实现压缩天然气车载运输。常见的压缩天然气加气站类型有压缩天然气加气母站和压缩天然气加气子站、压缩天然气加气标准站。

(一) 压缩天然气加气母站

1. 工艺流程

管道中的天然气经过滤、调压、计量、缓冲，进入压缩机，经加气柱充入槽车储气瓶，如图7－2所示。

2. 设备设施

压缩天然气加气母站设备设施主要包括调压器、过滤器、干燥塔、压缩机、

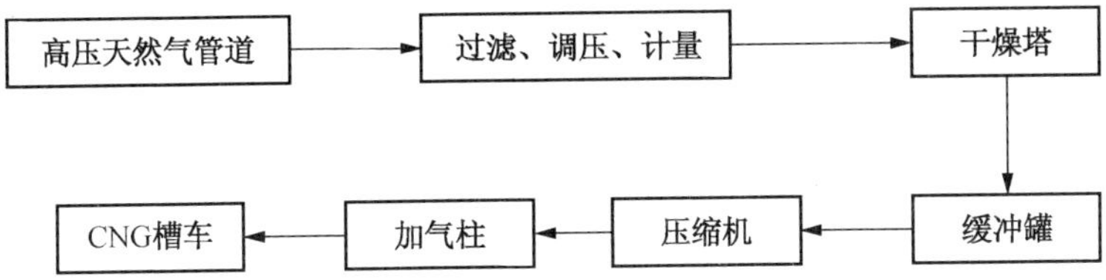

图7－2　压缩天然气加气母站工艺流程图

加气柱、CNG储气瓶组，其他辅助设施有配电柜、PLC控制柜、回收罐、污水罐、冷却器、安全放散管、温度计、压力控制仪表、供电系统、防雷防静电装置、燃气浓度检测报警装置等。

（二）压缩天然气加气子站

1. 工艺流程

压缩天然气加气子站具有卸车、储存、快速充气等功能（槽车储气瓶－汽车储气瓶），如图7－3所示。

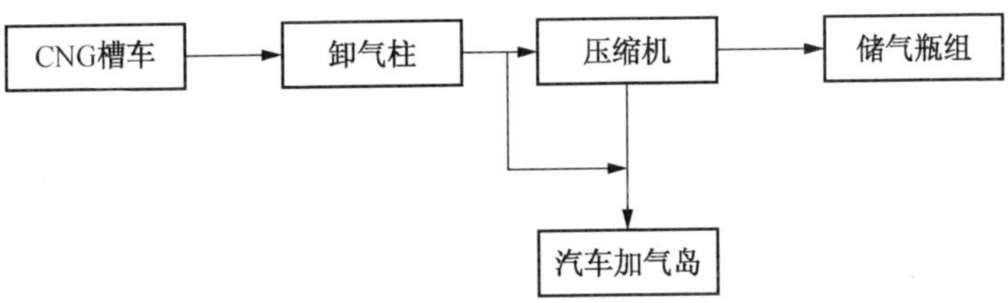

图7－3　压缩天然气加气子站工艺流程图

2. 设备设施

压缩天然气加气子站主要设备包括CNG气瓶组（槽车）、卸气柱、压缩机、加气机等，其他辅助设施有配电柜、PLC控制柜、安全放散管、温度计、压力控制仪表、供电系统、防雷防静电装置、燃气浓度检测报警装置等。

（三）压缩天然气加气标准站

1. 工艺流程

管道中的天然气经过滤、调压、计量、缓冲，进入压缩机，由顺序控制器控制其进入高、中、低压储气井组，经加气机充入车载储气瓶，如图7－4所示。

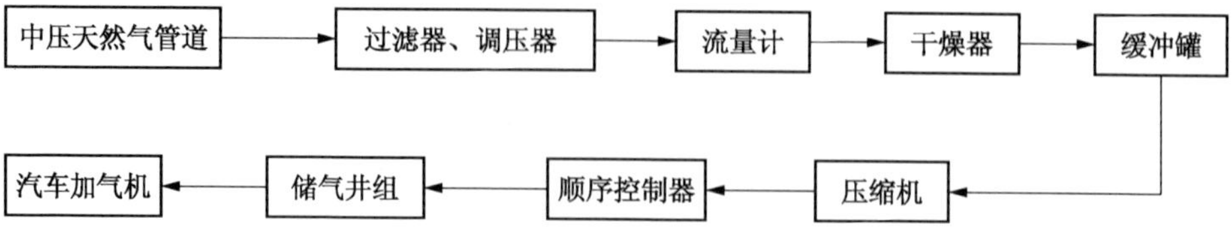

图7-4　压缩天然气加气标准站工艺流程图

2. 设备设施

压缩天然气加气标准站设备设施主要由进站管道、过滤器、调压器、流量计、干燥塔、缓冲罐、压缩机、顺序控制器、储气井、加气机组成，其他辅助设施有配电柜、PLC 控制柜、回收罐、污水罐、冷却器、安全放散管、温度计、压力控制仪表以及供电系统、防雷防静电装置、燃气浓度检测报警装置等。压缩天然气加气标准站实景如图 7-5 所示。

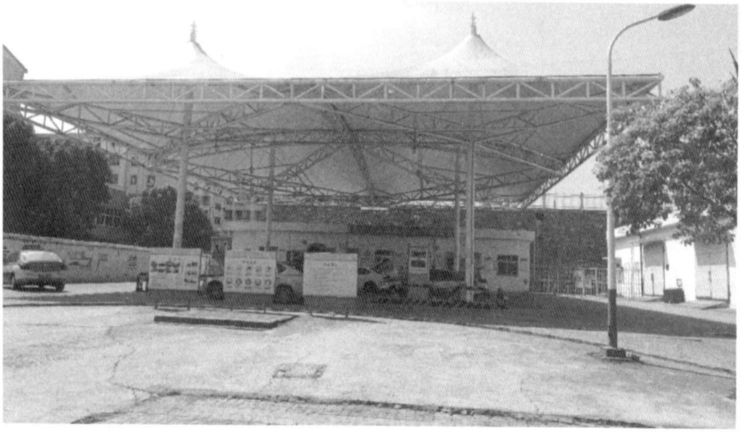

图7-5　压缩天然气加气标准站实景图

二、压缩天然气储配站

1. 工艺流程

压缩天然气储配站是采用压缩天然气瓶车储气或将由管道引入的天然气经净化、压缩形成的压缩天然气作为气源，具有压缩天然气储存、调压、计量、加臭功能，并向城镇燃气输配管道输送天然气的厂站，其工艺流程如图 7－6 所示。

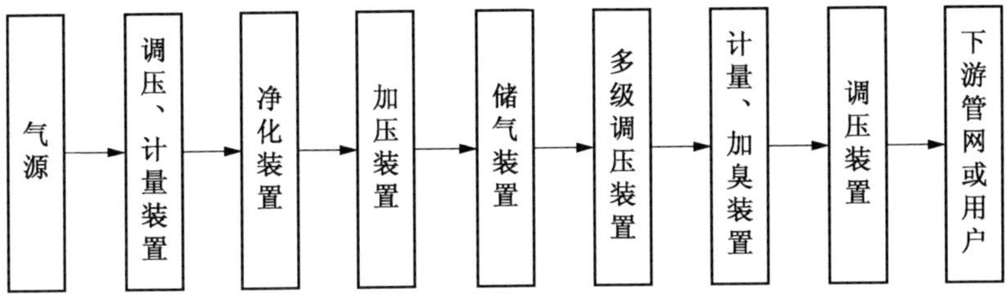

图 7－6　压缩天然气储配站工艺流程图

2. 设备设施

压缩天然气储配站设备设施主要包括储罐、储气瓶组或储气井、净化装置、加压装置、阀门、计量装置、调压装置、加臭装置、放散装置、安全放散阀、工艺管道、加热装置、压力和温度监测装置、数据采集监控装置、紧急切断系统、仪表控制系统、供电系统、防雷防静电装置以及燃气浓度监测报警装置等。

三、压缩天然气瓶组供气站

1. 工艺流程

压缩天然气瓶组供应站是采用压缩天然气瓶组储气作为气源，具有压缩天然气储存、调压、计量、加臭等功能，并向城镇燃气输配管道输送天然气的厂站，其工艺流程如图 7－7 所示。

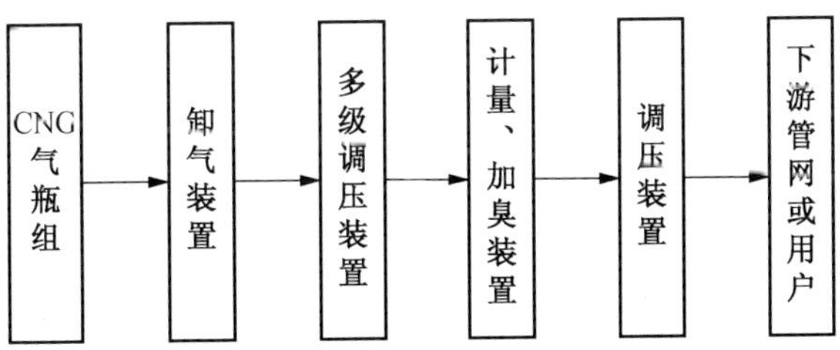

图 7－7　压缩天然气瓶组供应站工艺流程图

2. 设备设施

压缩天然气瓶组供气站设备设施主要包括气瓶组、卸气装置、计量装置、调压装置、加臭装置、工艺管道、加热装置、放散装置、安全放散阀、压力和温度监测装置、数据采集监控装置、紧急切断系统、仪表控制系统、供电系统、防雷防静电装置、燃气浓度检测报警装置、消防设施及灭火器材等。压缩天然气瓶组供应站实景如图 7－8 所示。

图 7－8 压缩天然气瓶组供应站实景图

第二节 工作内容及安全要求

一、运行

压缩天然气厂站运行包括调压柜、压缩机、干燥塔等设备的运行，具体的工作内容及安全要求如下。

（一）调压柜运行

1. 工作内容

（1）运行人员对调压柜进行外观巡检，主要检查周围情况，发现调压柜柜体开裂、门锁锁具损坏的，立即上报。

（2）检查安全标志。发现缺失或失效的，及时上报，配合补装。

（3）检查场所环境。及时清除枯枝落叶，确保无易燃易爆物品、杂物堆积。发现地面塌陷及时上报，配合修复。

（4）运行人员在调压柜门外检测燃气浓度，如燃气浓度低于 20% LEL 方可开启柜门；如燃气浓度高于 20% LEL，需要采取降低燃气浓度等措施，不可贸然进入。

（5）开启调压柜门并进行固定，保持柜内空气流通。

（6）调压装置检查内容：

① 检查各设备的运行工况，调压器的出口压力是否超出设定范围，是否有喘振情况，过滤器差压表显示是否在正常范围，放散阀有无放散现象，切断阀是否切断等，发现问题及时联系带班师傅进行处置。

② 用可燃气体检测仪检测燃气管道、调压器、过滤器、阀门、安全设施、仪器、仪表等设备接口，发现泄漏立即上报。

③ 检查各设备主体、管线、连接螺栓和管线标识。发现设备主体、管线、出现腐蚀、裂纹、变形、油漆剥落起皮、锈蚀等情况立即上报，配合后续处理、维护；发现螺栓变形、缺失的，立即上报，配合更换、补装；发现柜内管道系统、地面、基础有沉降、裂缝等情况，立即上报，配合后续处置。

④ 检查消防器材。打开灭火器箱，检查发现消防器材缺失、失效的，立即上报，配合更换、补放。

⑤ 检查安全设施。发现切断阀，立即上报；发现放散阀超期使用的，立即上报，配合重新标定校验。

⑥ 检查仪器仪表。发现压力自动记录仪、弹簧压力表和远传仪表损坏、失效的，立即上报，配合更换、维修。

⑦ 检查过滤器。发现过滤器压差超过规定值，立即上报，配合清理，维护。

⑧ 检查电缆引入。发现引入处密封破损、电缆破损，立即上报，配合修理。

⑨ 巡视结束，关闭柜门，锁好门。

2. 安全要求

（1）运行人员应具备上岗资格，身体、精神状况良好。

（2）运行人员按要求穿戴符合规定的防静电工作服、工作鞋、手套，长发应束紧不外露。

（3）运行时应携带齐全相关工具、设备。

① 专用作业工具及黄油，如螺丝刀、扳手、克丝钳、黄油、柜门钥匙等。

② 可燃气体检测仪完好，并定期校验，符合防爆要求，电量充足。

③ 电子记录设备完好，电量充足。

④ 签字笔、记录表单等齐全。

（4）进入前关闭非防爆通信设备、手机等电子设备。

（5）可燃气体检测仪应在洁净空气下开机。

（6）在柜门外使用可燃气体检测仪进行泄漏检测，符合要求后方可进入。

（7）开启柜门后须对柜门进行固定，且保持空气流通。

(8) 使用非防爆工具（铁制工具）应在接触面涂抹黄油，禁止一切可能产生火花的行为。

(9) 运行中发现超压、停气、设备泄漏等事故故障情况做好自身防护，立即上报，不可贸然操作，做好警戒工作。

(10) 巡查结束后关好柜门，并锁好。

（二）压缩机运行

1. 工作内容

(1) 定期对压缩机进行巡查，填写巡查记录，如发现问题及时处理、上报，并做好记录。

(2) 巡查内容包括压缩机控制屏各参数，各级进、排气压力，各级排气温度，看各参数是否正常。

(3) 观察压缩机有无异响，紧固件有无松动，有无漏水、漏油等现象。

(4) 观察压缩机电机温度是否正常，曲轴油位、注油器注油是否正常。

(5) 巡查时检查压缩机各部件有无燃气泄漏情况，如发现，立即上报处理。

(6) 检查压缩机各级排气安全阀有无排气现象。

(7) 检查压缩机基础有无沉降。

(8) 检查压缩机电机电缆的外观是否有破损，电缆连接处是否密封完好。

2. 安全要求

(1) 作业人员应具备上岗资格，考核合格后持证上岗。

(2) 穿戴符合规定的防静电工作服、工作鞋、安全帽。

(3) 带好巡检记录表，随时记录巡查情况。

(4) 巡查过程中不能触摸运动的设备，防止意外。

(5) 发现压缩机有异常情况，如排气压力异常、有异响或漏气等情况，应立即上报。

（三）干燥塔运行

1. 工作内容

(1) 定期对干燥塔运行情况进行巡查。

(2) 观察干燥塔运行压力是否在正常工作范围。

(3) 观察干燥塔水分仪水含量是否在规定范围之内。

(4) 用检测仪检查干燥塔各连接部分是否有漏气现象。

(5) 检查电缆外观有无破损，电缆连接处是否密封完好。

2. 安全要求

(1) 作业人员应具备上岗资格，考核合格后持证上岗。

（2）穿戴符合规定的防静电工作服、工作鞋、安全帽。

（3）带好巡检记录表，随时记录巡查情况。

（4）发现干燥塔有异常情况，如运行压力异常、有异响或漏气等情况，应立即上报。

二、设备检修

1. 工作内容

（1）设备检修前应进行下列准备工作：

① 应对检修作业使用的各种工器具进行安全检查，并填写检查登记记录，做到机具齐全、安全可靠。凡不符合作业安全要求的工器具不得使用。

② 对劳动防护用品穿戴准备情况进行核查。

③ 应采取可靠的断电措施，切断检修设备上的电器电源，并经断电、验电、接地确认无电后，在电源开关处挂上“禁止合闸”安全标志。“禁止合闸”安全标志应谁挂谁取。

④ 应采取可靠的气源切断措施，防止天然气泄漏进入检修设备，并检查切断措施是否有效，没有泄漏。

⑤ 对检修作业使用的消防器材、安全设施、通信设施、照明设施等经专人检查，确保完好可靠，并合理放置。

⑥ 严禁使用汽油等易燃物品在厂站内清洗设备和零件；大、中修作业现场应准备相应数量的灭火器。

⑦ 检修用的移动电气工具，应配有漏电保护器，电线电缆绝缘层不得破损，没有接头。临时电线不能经过高温、振动、腐蚀、积水等场地。

⑧ 应将检修现场的易燃易爆物品、障碍物、油污、冰雪、积水、废弃物等影响检修安全的杂物清理干净。

⑨ 应检查检修现场的消防通道、行车通道，保证畅通无阻。

（2）调压器检修应包括主阀、指挥器的拆解（拆卸）和安装、检查清洗所有机械零部件、更换所有密封件及失效零部件、出口压力和关闭压力等性能测试、调压器外壳及支架的维护等内容。

（3）过滤器的检修工作应包括：滤芯、密封圈等易损件更换，快开盲板及其安全联锁装置检查和维护，零部件清洗、除锈、润滑，过滤器仪表及安全阀检查、差压表信号管吹扫，过滤器外表面维护。

（4）阀门维护主要内容是检查阀门开关是否灵活，手动阀门手柄是否完好，电动或气动阀门动力装置是否完好，检查阀门密封面是否有泄漏情况。

（5）压缩机的检修工作应包括下列内容：进排气阀阀片、密封圈等易损件更换，电机润滑油定期更换，活塞环、活塞杆、密封填料的检修更换等。

（6）干燥塔的维护保养包含分子筛定期更换、过滤器检查更换等。

（7）储气井维护主要是定期排污，排除储气井内油水，可以使气体更加纯净。

（8）加气机的维护内容包括内部管线接头是否泄漏，以及加气机过滤器是否排污。

（9）设备检修完成后达到的合格标准：①外观应清洁无污物，各设备及支架漆膜应完好无锈蚀；②压缩机、干燥塔的排气压力和排气温度等性能指标应符合规定要求；③调压柜过滤器前后压差应在规定范围内，压差表应指示正常；④压缩机、干燥塔运行中没有异常声响；⑤管道及设备、阀门等连接点应无泄漏。

（10）检修完毕后应对检修使用的工具、设备等进行检查清点，并应填写检修记录，与更换零部件的质量证明文件等一并存档。

2. 安全要求

（1）参加检修作业的人员应穿戴好劳动防护用品，作业中使用的电动工具、设备必须是防爆型。

（2）检修作业人员应遵守有关安全技术规程和规定；设备法兰螺栓紧固时应采用对角紧固方式轮流紧固，紧固后的螺栓应高于螺母 2 ~ 3 扣。

（3）电气维修作业人员应遵守电气安全工作规定。

（4）对易燃、易爆、有毒、有腐蚀性物质和设备的管道的检修，必须切断物料出入口阀门，并挂牌管理，挂牌与阀门状态一致，设专人负责检查记录。

（5）根据厂站生产工艺特点，在任何情况下禁止带压带气拆卸或紧固螺栓，天然气设备泄压应通过放空管、放空阀等安全装置排放。

（6）正确使用维修工具进行检修作业，使用铜棒等防爆工具对设备进行适当敲击调整操作。

三、生产作业

（一）压缩机启动作业

压缩机启动作业是指作业人员操作压缩机将天然气管道的低压天然气升压，然后用储气井储存或通过加气机给压缩天然气（CNG）车辆加气。主要安全要求如下。

（1）作业人员要穿戴好防静电工作服、工作鞋、安全帽。

（2）在启动压缩机之前，应保证没有人在进行压缩机及其系统的检查和维修工作。

（3）开车前认真检查压缩机各运动件与静止件的紧固及放松情况，以及水路是否畅通，并以盘车的形式检查电机运行是否灵活。

（4）检查压缩机曲轴箱油位，注油器油位是否正常。观察调压柜进气压力是否满足开机要求。

（5）在压缩机运行过程中不要接触排气管路，因排气管路部位压力和温度较高，以防人员烫伤。

（6）压缩机的运转部分是危险区域，在机器运行过程中非操作人员不得靠近。

（7）压缩机运行时发现有燃气泄漏、异常响声、压力异常等情况，要立即停止压缩机运行并立即上报。

（二）压缩天然气卸车作业（子站）

压缩天然气卸车作业是将压缩天然气槽车气瓶中的天然气通过卸气柱，将压缩天然气充装到储气瓶组或储气井的操作。安全要求如下。

（1）卸车作业人员应佩戴必要的防护用品，包括安全帽、安全鞋、工作服等。

（2）卸车前应对卸车设备和车辆进行全面检查，确保设备状态良好，无泄漏和损坏。

（3）卸车过程中，应有专人进行现场监督，及时发现并处理问题。

（4）卸车现场应设有紧急切断阀和灭火器等应急设备，一旦发生泄漏或火灾等事故能够迅速应对。

（5）卸车过程中，严禁吸烟、明火等火源，防止发生火灾事故。

（6）严格按照操作规程进行卸车作业，不得违章操作。

（7）密切关注卸车区域的环境变化，如发现异常情况应及时报告并处理。

（8）卸车过程中产生的废气、废水等应按照环保要求进行处理，防止对环境造成污染。

（三）加气作业

加气作业是指加气工用加气机将压缩天然气充装到天然气汽车气瓶中的作业。主要安全注意事项如下。

（1）加气工要穿戴防静电工作服、工作鞋作业。

（2）司乘人员必须全部下车，发动机熄火，关闭车辆电源。

（3）打开车辆后备箱检查（不能有异物挡气瓶阀门，确保气瓶阀门开关方便，后备箱内不能有易燃易爆物品、腐蚀性物品）。

（4）气瓶检查（气瓶固定牢靠无松动、气瓶无泄漏，气瓶在合格期内、无擦伤碰伤、无变形、无破损）。

（5）车辆充装过程中，管道及管件无抖动、漏气、结露等现象。

（6）充气过程中，当出现加气枪密封圈爆裂时，应立即停止加气，更换密封圈。

（7）充气过程中，当加气车辆出现泄漏时，应依次关闭充气阀、二位三通阀、气瓶阀，拔出加气枪，协助司机将车辆推到站外。

（8）充气过程中，当听到气瓶有异常响声时，应立即停止加气，将人员疏散到安全地带。

四、应急抢修

应急抢修是指发生危及安全的泄漏以及引起停气、中毒、火灾、爆炸等突发事件后为尽快控制和减少事件造成危害而采取的紧急措施的作业。主要的安全要求如下。

（1）接到抢修报警后应立即启动应急预案，并应根据事故情况联系有关部门协作抢修。抢修作业应统一指挥，服从命令，并应采取安全措施。

（2）压缩天然气厂站发生的事故可能导致人员中毒或火灾、爆炸事故，危及周围人身财产安全时，应协助公安、消防及其他有关部门进行抢救、保护现场和疏散人员。

（3）抢修人员应佩戴职责标志。进入作业区前应按规定穿戴防静电服、鞋及防护用具，并严禁在作业区内穿脱和摘戴。作业现场应有专人监护，严禁单独操作。

（4）抢修人员到达现场后，应根据燃气泄漏程度和气象条件等确定警戒区、设立警示标志。在警戒区内应管制交通，严禁烟火，无关人员不得留在现场，并应随时监测周围环境的燃气浓度。

（5）燃气设施因燃气泄漏发生火灾时，应及时切断气源控制火势。

（6）当燃气泄漏发生爆炸后，应迅速控制气源和火源，防止引发次生灾害。

（7）当燃气设施因调压设备、安全切断设施失灵、压缩机排气受阻等造成出口超压时，应立即停止压缩机，关闭设备进出口阀门，并应对超压管道放散降压，排除故障。

（8）设施事故隐患未查清或隐患未消除时，抢修人员不得撤离现场，并应采取安全措施，直至隐患消除为止。

第三节　相关事故案例

一、压缩天然气气瓶质量问题导致汽车爆炸事故

（一）事故经过

2004 年 7 月 10 日下午 4 时 17 分，一辆出租车在加气站内爆炸，司机当场死亡，另有一名等待加气的出租车司机被爆炸引起的气浪震伤。

发生爆炸的出租车变成一堆废铁，车身后半部全被炸没了，车前部与驾驶室也扭成了麻花状，其状惨不忍睹。出租车周围 20 m 范围内，撒满了汽车零件和碎玻璃渣。一个天然气复合瓶被炸开，飞了近 30 m 远。离出租车 4 ~5 m 远的一面纤维板墙也被冲倒一片。

（二）事故原因及分析

事故原因判定是出租车尾部的天然气复合瓶爆炸，系由复合瓶质量问题引起的。

（三）事故启示

（1）严格检查使用复合材料天然气气瓶的出租车年检证。

（2）各车辆使用单位应做好车辆安检工作，维持行业安全正常运营。

（3）CNG 站必须对安全设施和机械设备进行检查，并制定事故应急预案。各气站严格控制充装规程，在加气过程中，不能超压，并对加气站的限压设施进行检查。

二、违规操作致压缩天然气加气机爆炸事故

（一）事故经过

2006 年 7 月 6 日早晨，某加气站突然发生爆炸，火焰翻腾着冲出设备房的屋顶，事故造成一名加气站员工不幸身亡。

事发十多分钟后，市公安局消防支队五中队 6 辆消防车鸣着警笛驶来。接着，屋顶上的彩钢板被揭开，破损的气缸阀门被紧急关闭，数股水柱喷向房内错综复杂的管道。经过半个多小时的奋力抢救，翻腾的火焰终被压灭。

事故现场，地上竖立着的大小罐体都被熏黑，房顶破损的彩钢板悬在半空，也熏成了黑色。爆炸发生时，一名正在值班的加气站员工被大火吞噬。该加气站的天然气是从地下天然气管道里抽取的，爆炸发生后，管道内的天然气从受损的压缩机气缸内喷涌而出。事故发生后，市公安局、市安监局和天然气抢修部门先

后赶到现场，紧急排险，调查事故原因。

（二）事故原因及分析

（1）加气站设备房内1号天然气压缩机爆炸的直接原因是压缩机气缸冲顶，压缩机的原有破损口瞬间压力极大，从而引发天然气爆炸燃烧。

（2）巡视检修人员，未取得上岗证，违规上岗操作。

（3）检修员工在检修时因缺乏基本知识，没有按既定程序和操作规程进行操作。

（4）加气站缺乏必要的安全生产监督管理制度和相应的实施办法。

（三）事故启示

（1）天然气压缩机作为加气站的主要设备，应选用业绩可信程度高并且有良好售后服务的厂家的产品。

（2）经常化、制度化巡检压缩机及其他设备，特别注意其缸盖等部位有无异常或破损，包括缸盖螺丝是否有损坏或剪断情况，发现问题必须立即停机，未彻底修复前不得重新开机。

（3）未经专门特种维修技能培训的员工，一律不得从事压缩机维修岗操作，杜绝无证上岗。

（4）维修加气站的高压设备及高压管线，必须先停止相关部位运行、卸压后才可进行；具体维修中，必须至少有两名合格员工配合操作，同时必须有可靠的安全措施，有相应的应急预案，不得1人自行上岗维修操作。

（5）合格的维修操作人员必须参加相应的安全操作演练，有足够的实际维修经验，严格按岗位责任制和安全操作规程进行维修。

三、槽车驾驶员违规操作致高压输气管拉断事故

（一）事故经过

2007年9月25日下午3时59分，某公司在加气母站槽车加气岛加气，槽车司机明知槽车正在加气，在未检查槽车加气胶管是否卸下的情况下，将拖挂放下连上车头并发动车辆，将加气机拖出3 m多远，致使加气机高压输气管被拉断，造成天然气泄漏。当时加气站站长及操作工及时关闭槽车车体及加气机输气阀门，制止了泄漏。加气机严重破碎、散落，没有造成人员伤亡。

（二）事故原因及分析

（1）槽车后车门断气制动阀失效，未起制动保护作用。

（2）驾驶员为新招驾驶员，于2007年9月18日上岗，9月25日当天疲劳操作，思想麻痹，严重违反安全操作规程；在明知槽车正在加气时，强行开车是

导致此次事故的主要原因。

（3）驾驶员与操作工的操作流程划分不清也是一个原因。

（三）事故启示

（1）定期检查车门断气制动阀功能，确保制动功能正常。

（2）新员工要进行三级安全培训，熟悉安全操作规程，增强安全意识。

（3）配备危险品运输车押运员，对驾驶员驾驶操作进行提醒和监督。

（4）定期修订完善槽车充装作业操作规程，明确驾驶员和操作工的职责分工。

第八章　液化天然气厂站

第一节　工艺流程与设备设施

城镇液化天然气（LNG）供应站为城镇燃气用户提供液化天然气或气态天然气，具备卸车、存储、气化、气瓶灌装或装车、汽车加气等功能，一般包括液化天然气储配站、气化站、加气站。城镇液化天然气供应站是城镇燃气设施的重要组成部分，对城镇天然气的安全、稳定、连续供应、应急调峰、车辆加气等有至关重要的作用。

一、液化天然气储配站

液化天然气储配站是液化天然气储存和配送的重要基础设施，主要承担“低峰储气、高峰供气”的任务，以保障区域供气的安全性、连续性和稳定性。液化天然气储配站储罐配置一般较大，能够保障短期内城镇用户正常用气。液化天然气储配站在天然气需求低峰时接收并储存天然气，在需求高峰时则向市场供应天然气，从而平衡天然气市场的供需关系。南京滨江液化天然气储配站全貌如图 8－1 所示。

（一）工艺流程

液化天然气储配站的主要工艺流程包括液化天然气的接收（卸车）、储存、气化、调压、计量和加臭等环节（图 8－2），每个环节都需要严格控制和管理，以确保液化天然气的安全储存和高效利用。

（二）设备设施

（1）液化天然气储罐是液化天然气储配站的核心设备，用于储存和中转液化天然气。根据结构形式，液化天然气储罐可分为地下储罐、地上金属储罐和金属/预应力混凝土储罐。液化天然气储配站承担城镇燃气重要调峰功能，站内液化天然气储罐规模大。南京滨江液化天然气储配站常压低温液化天然气储罐如图 8－3 所示。

（2）液化天然气卸车组件包括卸车操作阀门和卸车汽化器。汽化器在卸车

图 8－1　南京滨江液化天然气储配站全貌图

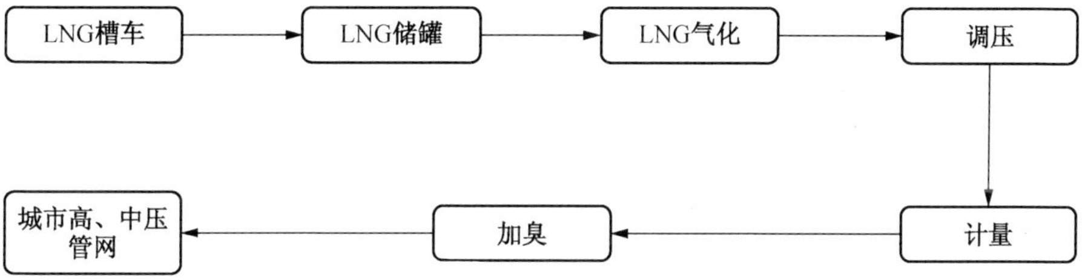

图 8－2　液化天然气储配站工艺流程图

时将液化天然气液体气化成气体，给液化天然气槽车增压，将液化天然气槽车中的液体压到储罐中。

（3）液化天然气气化器主要通过吸收周围环境的热量（如空气、水等）来加热液化天然气，使其从液态转变为气态。根据加热方式的不同，液化天然气气化器可以分为多种类型，如空温式气化器、水浴式气化器、电加热气化器等。

（4）辅助设备及系统包括消防喷淋系统、燃气泄漏报警系统、进出液紧急切断阀、仪表风、控制系统、远程数据采集监控系统及 PLC 控制系统等，这些辅助系统共同确保液化天然气储配站的安全运行。

图 8-3　南京滨江液化天然气储配站常压低温液化天然气储罐实景图

二、液化天然气气化站

液化天然气气化站（又称液化天然气卫星站），是城镇液化天然气供应的主要厂站，也是一种小型的液化天然气接收、储存、气化站。液化天然气来自天然气液化工厂或液化天然气终端接收基地或液化天然气储配站，一般通过专用汽车槽车或专用气瓶运来，在气化站内设有储罐（或气瓶）、装卸装置、泵、气化器、加臭装置等，气化后的天然气可用作中小城镇或小区或大型工业、商业用户的主气源，也可用作城镇调节用气不均匀的调峰气源。

（一）工艺流程

液化天然气气化站的主要工艺流程包括液化天然气的接收（卸车）、储存、气化、调压、计量和加臭等环节，如图 8-4 所示。

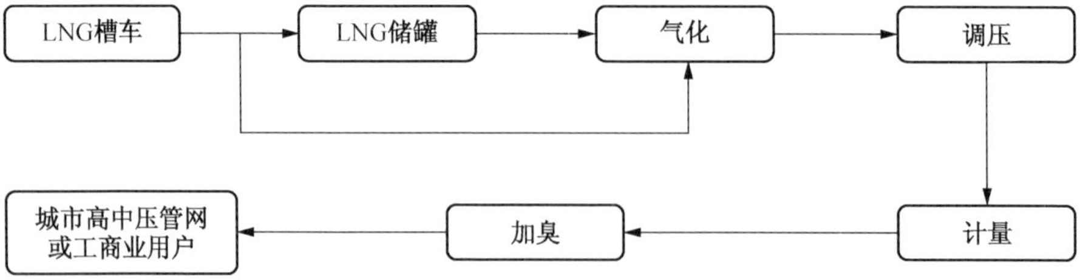

图 8-4　液化天然气气化站工艺流程图

(二) 设备设施

(1) 液化天然气储罐是液化天然气气化站的核心设备，用于储存和中转液化天然气液体。根据结构形式，液化天然气储罐可分为地下储罐、地上金属储罐和金属/预应力混凝土储罐。

(2) 液化天然气卸车组件包括卸车操作阀门和卸车汽化器。汽化器在卸车时将液化天然气液体气化成气体，给液化天然气槽车增压，将液化天然气槽车中的液体压到储罐中。

(3) 液化天然气气化器主要通过吸收周围环境的热量（如空气、水等）来加热液化天然气，使其从液态转变为气态。根据加热方式的不同，液化天然气气化器可以分为多种类型，如空温式气化器、水浴式气化器、电加热气化器等。

三、液化天然气加气站

液化天然气加气站是专门供应液化天然气加注的站点，主要为液化天然气汽车进行充装液化天然气作业。

(一) 工艺流程

液化天然气加气站主要工艺流程包括液化天然气的接收（卸车）、储存、充装，如图 8-5 所示。

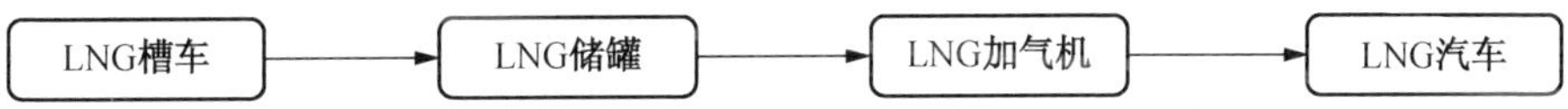

图 8-5 液化天然气加气站工艺流程图

(二) 设备设施

(1) 液化天然气储罐是液化天然气加气站的核心设备，用于储存和中转液化天然气液体。根据结构形式，液化天然气储罐可分为地下储罐、地上金属储罐和金属/预应力混凝土储罐。

(2) 液化天然气卸车组件包括卸车操作阀门和卸车汽化器。汽化器在卸车时将液化天然气液体气化成气体，给液化天然气槽车增压，将液化天然气槽车中的液体压到储罐中。

(3) 液化天然气加气机属高压流体加气设备，其主要功能是将储罐内液化天然气液体注入液化天然气汽车的气瓶中，常见液化天然气加气机如图 8-6 所示。

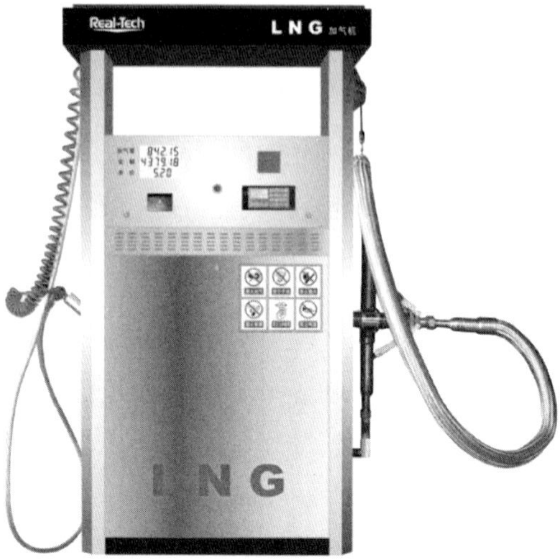

图 8-6　液化天然气加气机

（4）泵撬及潜液泵用于将储罐内的液化天然气抽出并增压，为液化天然气卸车及液化天然气加注提供动力，常见液化天然气加气站泵撬如图 8-7 所示。

图 8-7　液化天然气加气站泵撬

第二节　工作内容及安全要求

一、运行

液化天然气厂站运行工作主要包括对站内设备设施的运行巡检、检查等工作，具体工作内容和安全要求如下。

（一）工作内容

（1）运行人员须携带检测设备，巡检过程中对各带气设备（卸气、气化、储罐、管道、调压、计量等设备设施）的主体、连接处、活动部位进行泄漏检测并如实记录。

（2）运行人员定期对站区系统的储罐、气化器、阀门、管道、调压设备、计量表、安全设备、消防系统等进行巡查。

（3）巡检时采用查看运行情况、听声音、查故障原因、汇报、整改、改进复查的办法进行。

（4）巡检须按照指定路线进行，覆盖工艺区内所有设备设施，重点观察液化天然气储罐区和液化天然气气化区的运行情况，发现异常情况及时上报并处理。

（5）填写巡检记录，在巡检时发现漏气、漏水、漏油、漏电等现象，按照隐患分级标准进行整改，对不能立即整改的须及时上报，由公司组织力量进行处理或整改。

（6）隐患管理。及时如实记录发现的隐患，建立健全隐患清单和台账，并定期跟进隐患整改进度，确保隐患整改到位。

（二）安全要求

（1）运行人员应具备上岗资格，身体、精神状况良好。

（2）运行人员按要求穿戴符合规定的防静电工作服、工作鞋、手套，长发应束紧不外露。

（3）人体未受保护部分不得接触未经隔离装有液化天然气的管道和容器；阀门启闭应缓慢，严禁快速开关操作。

（4）新员工在未经培训考核合格前严禁进行卸车作业。

（5）运行时应携带齐全相关工具、设备。

① 可燃气体检测仪应完好并定期校验，符合防爆要求，电量充足。

② 电子记录设备完好，电量充足。

③ 签字笔或钢笔、当日运行图纸、纸质表单等齐全。

（6）卸车期间操作人员不得离开现场；遇雷雨天气、附近有明火或发生火灾、站内发生泄漏、液化天然气储罐压力异常及其他不允许卸车的情况下不得从事卸车作业。

（7）严禁携带非防爆通信设备、手机等电子设备进入作业区域。

（8）运行中发现超压、停气、设备泄漏等情况时做好自身防护，立即上报，不可贸然操作，做好警戒工作。

（9）运行作业过程中不得违反既定巡检路线，不得跨越管道或设备缩短巡检时间，出现漏巡情况。

（10）巡检结束后对巡检设备、工具进行清点并规范存放，确保工具、设备无遗失。

二、设备检修

厂站设备检修是指定期或不定期对厂站内在用设备进行维护保养或抢维修作业等，通过作业恢复或提高设备运行状态，保障设备安全稳定运行。设备检修主要安全要求如下。

1. 工作内容

（1）设备检修前应进行下列准备工作：

① 应对检修作业使用的各种工器具进行安全检查，并填写检查登记记录，做到机具齐全、安全可靠，检修用工器具须符合厂站防爆工作要求，凡不符合作业安全要求的工器具不得使用。

② 对劳动防护用品穿戴准备情况进行核查。

③ 应采取可靠的断电措施，切断检维修设备上的电器电源，并经断电、验电、接地确认无电后，在电源开关处挂上“禁止合闸”安全标志。“禁止合闸”安全标志应谁挂谁取。

④ 应采取可靠的气源切断措施，防止天然气泄漏进入检修设备，并检查切断措施有效，没有泄漏。

⑤ 对检修作业使用的消防器材、安全设施、通信设施、照明设施等经专人检查，确保完好可靠，并合理放置。

⑥ 检修用电动工具，应配有漏电保护器，电线电缆绝缘层不得破损，没有接头。临时电线不能经过高温、振动、腐蚀、积水等场地。

⑦ 应将检修现场的易燃易爆物品、障碍物、油污、冰雪、积水、废弃物等影响检维修安全的杂物清理干净。

⑧ 应检查检修现场的消防通道、行车通道，保证畅通无阻。

（2）设备检修过程中需按照对应待检修设备的检修作业规程或指导书进行检修作业，更换的零配件等需符合设备运行要求。

（3）设备检修完成后达到的合格标准：①外观应清洁无污物，各设备及支架漆膜应完好无锈蚀；②设备的运行压力等性能指标应符合规定要求；③管道及设备、阀门等连接点应无泄漏。

（4）检修完毕后应对检修使用的工具、设备等进行检查清点，并填写检修记录，与更换零部件的质量证明文件等一并存档。

2. 安全要求

（1）严禁带气、带电、带压进行设备维护或抢修。

（2）设备检修要实行定机、定人、挂牌，责任落实到人，并认真填写设备维护保养记录单。

（3）严格按规定对设备进行维护保养和检修，需要更换磨损和损坏的零部件时，须执行厂站危险作业管理要求，制定方案并报告经审批后按批准方案实施。如遇紧急事故执行抢修任务，应在抢修完毕后补办手续。

（4）严格执行周期定检设施、设备和器具的报送检管理办法，禁止超期使用。使用过程中加强日常维护和保养，保证设施、设备和器具的准确性和可靠性。

（5）主要设备（特种设备及其安全附件）发生事故，应按“四不放过”原则进行分析处理。

三、生产作业

（一）液化天然气加气站卸气作业

卸气作业是指利用厂区内专用设备将槽罐车内液化天然气卸入厂站储罐的生产作业，主要的安全要求如下。

（1）运行人员对液化天然气槽车进行进站前安全检查，包括检查液化天然气槽车“三证”齐全（危险品道路运输从业资格证、道路危险货物运输押运人员证、压力容器操作证）；检查液化天然气槽车外观（无凹陷裂缝、无“冒汗”、无结霜）；液化天然气槽车已安装阻火器且外观完好；液化天然气槽车安全附件完好。

（2）监督槽车司机取下车钥匙放在指定位置，放置槽车防滑垫块，检查车辆停放是否稳定。

（3）检查静电接地线，确保接地夹与槽车裸露的管道接触良好。

（4）检查液化天然气槽车与卸车台管道连接是否牢固。发现连接管道出现泄漏、异响、松动等情况后，立即上报，做好警戒，等待后续处置。

（5）检查工艺管线、阀门开关状态是否处于正常状态。

① 发现工艺管道存在异响、泄漏等情况立即上报，设置警戒区并配合后续处置。

② 发现阀门开关状态与操作规程要求不符等情况，立即暂停作业并上报值班人员，配合做好后续处置工作。

（6）规范填写卸车运行记录，包括车辆信息、卸车作业过程记录等。

（二）液化天然气加气站充装作业

液化天然气加气站充装作业是指加气工用加气机将液化天然气充装到液化天然气汽车气瓶中的生产作业，主要安全要求如下。

（1）要穿戴防静电工作服、工作鞋，并依法取得充装作业许可证后方可实施充装作业。

（2）人员必须全部下车，发动机熄火，关闭车辆电源。

（3）检查辆后备箱（不能有异物挡气瓶阀门，确保气瓶阀门开关方便，后备箱内不能有易燃易爆物品、腐蚀性物品）。

（4）检查气瓶固定牢靠无松动、气瓶无泄漏，气瓶在合格期内、无擦伤碰伤、无变形、无破损。

（5）车辆充装过程中，加气工需检查管道及管件有无抖动、漏气、结露等现象，发现问题及时处理。

（6）当加气车辆出现泄漏、异响时，应立即停止加气，对车辆异常点位进行排查，严禁带病充装。

（7）充气过程中，当听到加气机或供气管路出现泄漏等异常情况时，须立即停止加气并上报值班领导。

四、应急抢修

厂站应急抢修是指在厂站内发生危及安全的泄漏以及引起停气、中毒、火灾、爆炸等突发事件后为尽快控制和减少事件造成危害而采取的紧急措施的作业，主要的安全要求如下。

（1）接到抢修报警后应立即启动应急预案，并根据事故情况联系有关部门协作抢修。抢修作业应统一指挥，服从命令，并采取安全措施。

（2）厂站发生的事故可能导致人员中毒或火灾、爆炸事故，危及周围人身财产安全时，应协助公安、消防及其他有关部门进行抢救、保护现场和疏散人员。

（3）抢修人员应佩戴职责标志。进入作业区前应按规定穿戴防静电服、工作鞋及防护用具，并严禁在作业区内穿脱和摘戴。作业现场应有专人监护，严禁单独操作。

（4）抢修人员到达现场后，应根据燃气泄漏程度和气象条件等确定警戒区、设立警示标志。在警戒区内严禁烟火，无关人员不得留在现场，并应随时监测周围环境的燃气浓度。

（5）燃气设施因燃气泄漏发生火灾时，应及时切断站内电源和气源以控制火势。

（6）当燃气泄漏发生爆炸后，应迅速控制气源和火源，防止引发次生灾害。

（7）当燃气设施因调压设备、安全切断设施失灵等造成出口超压时，应对超压管道进行放散降压，排除故障。

（8）设施事故隐患未查清或隐患未消除时，抢修人员不得撤离现场，并应采取安全措施，直至隐患消除为止。

（9）抢险结束后需组织人员对事故进行分析，汲取事故教训。

第三节　相关事故案例

一、液化天然气公司危险作业管理不到位致7人死亡事故

（一）事故经过

2020年11月2日11时45分许，位于广西壮族自治区北海市铁山港（临海）工业区的中石化北海液化天然气有限责任公司（2020年10月1日起，由国家石油天然气管网集团有限公司接管运营，营业执照尚未完成变更手续，以下简称北海液化天然气公司）在实施二期工程项目贫富液同时装车工程施工时发生着火事故，截至12月2日，事故造成7人死亡、2人重伤，直接经济损失2029.30万元。

2020年11月2日上午，中石化第十建设有限公司安排作业人员进行TK－02储罐DN300富液装车分支管道甩头施工（即对TK－02储罐罐前二层平台液化天然气外输出管线动火施工作业，在原有DN300的低压泵出口总管上切除一段长500 mm的短节后增加一个三通管道）。

11时51分59秒，0301－XV—2001阀门失电关闭（事后调查发现为阀门控制回路电缆正端对地短路，机柜内对应回路保险熔断导致失电）。TK－02储罐

罐前明火随阀门关闭而熄灭。

（二）事故原因及分析

经调查认定事故直接原因：在实施二期工程项目贫富液同时装车工程 TK－02 储罐二层平台低压泵出口总管动火作业切割过程中，隔离阀门 0301－XV—2001 开启，低压外输汇管中的液化天然气从切割开的管口中喷出，液化天然气雾化气团与空气的混合气体遇可能的点火能量产生燃烧。

经分析，着火源是受低温液化天然气喷射冲击后绝缘保护层脆化、脱落的线缆产生的点火能量。

（三）事故启示

（1）强化特殊作业安全管理。企业须严格按照《危险化学品企业特殊作业安全规范》(GB 30871—2022）的要求实施特殊作业管理，进一步加强特殊作业安全管控，严格落实“谁批准、谁签字、谁负责”的要求。

（2）强化承包商安全管理。严格承包商资质条件审核，加强承包商作业人员的安全教育培训，严格落实作业前的风险交底、技术交底和安全交底。

（3）强化事故应急处置和信息报告。各有关部门和企业要按规定制定和完善事故应急处置预案并加强应急演练。一旦发生事故及时启动相应应急预案，建立现场救援指挥部，明确工作职责，科学有序开展应急处置。落实事故信息报告制度，加强企业和政府沟通协调，及时、准确报送事故信息。

二、液化天然气应急调峰站高空作业未佩戴安全带致坠亡事故

（一）事故经过

2022 年 10 月 17 日 7 时 40 分许，深圳市大鹏新区深圳液化天然气应急调峰站项目接收站下沉式液化天然气储罐外罐工程工地发生一起高处坠落事故，造成 1 人死亡。

10 月 17 日 6 时许，在参加完班组会后，郭某（死者）和王某到 T－2101 外罐外侧的作业平台进行罐体上拉螺杆的锥形螺母拆除作业。一般作业流程：两人到达施工点位后，先将门式脚手架摆放在作业平台合适位置处，王某带着安全带爬上门式脚手架，将 L 形扳手卡在锥形螺母上，并用锤子锤击扳手使两者固定牢靠，然后再用钢管套住扳手的长柄，和站在作业平台上的郭某一起扳动扳手，将锥形螺母拧松后拆除，拆除完成后再移动门式脚手架到下一个施工点位。

7 时 40 分许，郭某（死者）和王某来到事发区域继续拆除锥形螺母，王某爬上门式脚手架准备固定 L 形扳手时，突然听到一声巨响，低头发现郭某已从该处作业平台的孔洞间掉落下去。王某立即从作业平台跑回地面呼救，随后与赶

到现场的班组长张某等人下到基坑底查看。王某、张某等人到达基坑底时，发现郭某（死者）面朝下趴在地上，周边有一摊血迹。7 时 55 分，上海电力建筑工程有限公司安全管理人员王某 2 拨打了 120 急救电话。8 时 10 分，120 医护人员到达现场进行紧急抢救，最终宣布郭某经抢救无效死亡。

接到事故报告后，区住房和建设局、应急管理局、公安分局、办事处等部门相关人员立即赶赴事发现场进行现场勘查、封存事故相关设施设备，并成立事故调查组，妥善处理善后事宜。经核查，未发现事故救援处置存在问题。

（二）事故原因及分析

郭某（死者）在模板施工平台作业时未将随身佩戴的安全带系挂，事发时 6 号、7 号模板平台间的连接板搭建也未固定牢靠，又受作业人员走动、脚手架移动等因素扰动致连接盖板松动，郭某（死者）不小心踩到松动的连接盖板，随盖板从平台洞口坠落至基坑底部，导致死亡。

（三）事故启示

（1）强化施工组织设计，提升本质安全水平。企业要结合现场实际情况，规范制定科学、合理、全面的施工方案，加大安全生产投入，抓紧淘汰落后工艺和设备，从本质上消除安全隐患。

（2）加强安全隐患排查治理。企业要进一步建立和完善各项安全生产规章制度，落实现场安全管理，及时发现、整改现场安全隐患，确保施工安全。加强全过程管理和监督检查，严格落实隐患排查治理制度，如实记录安全隐患，并通过会议、信息公告栏等形式向从业人员通报。

（3）强化安全教育培训和技术交底。企业要强化安全宣传教育和培训工作，向从业人员如实告知作业场所和工作岗位存在的危险因素、防范措施以及事故应急措施；要严格执行技术交底制度，涉及施工项目的有关规范、标准、技术要求、措施、工序衔接、质量控制要素及施工记录等，交底要细致明了。

第九章　液化石油气厂站

第一节　工艺流程与设备设施

液化石油气供应系统一般由气源厂、供应基地、销售网络和用户管理系统组成（图9－1），销售网络主要指供应站等销售网点。

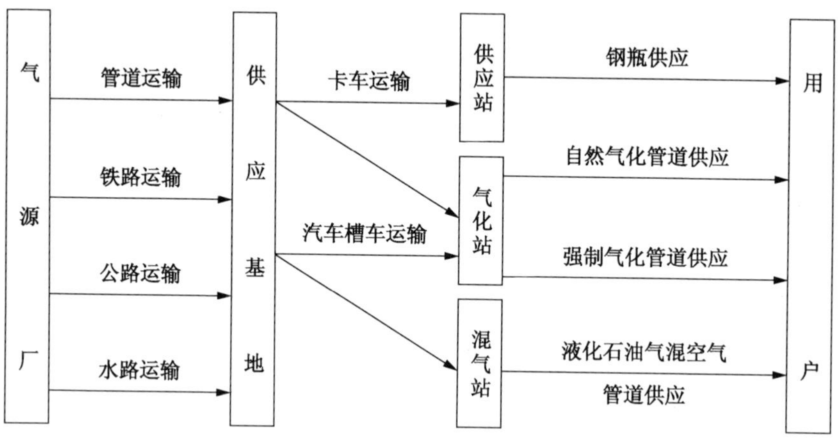

图9－1　液化石油气供应系统图

一、液化石油气供应基地

液化石油气供应基地主要包括液化石油气储存站、储配站、灌装站等。

（一）工艺流程

（1）液化石油气储存站由储存和装卸设备组成，以储存为主，并向灌装站、气化站和混气站配送液化石油气。

（2）液化石油气储配站由储存、灌装和装卸设备组成，以储存液化石油气为主要功能，兼具液化石油气灌装作业为辅助功能。

（3）液化石油气灌装站由灌装、储存和装卸设备组成，以液化石油气灌装作业为主要功能。

液化石油气储配站、灌装站常见工艺流程如图9－2所示。规模不同，涉及设备规格数量不同。储存站与它们的区别就是储存能力更大，没有气瓶灌装设施。

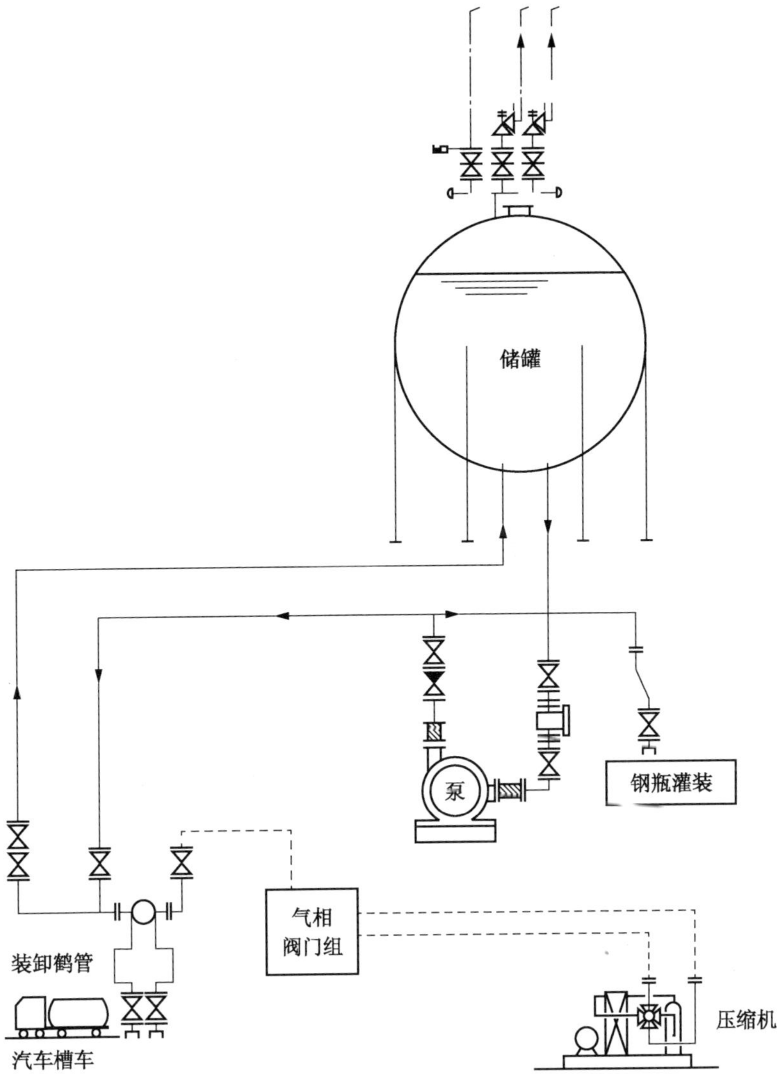

图9－2　液化石油气储配站、灌装站常见工艺流程图

（二）设备设施

1. 储罐

液化石油气储罐根据形状可分为球形储罐（图9－3）和卧式储罐（图9－4）。一般来讲，容积在100 m^3 以下的储罐采用卧式储罐，容积在100 m^3 以上采用球形储罐。

卧式储罐可整体运输、工厂化生产、制造工艺相对简单，但占地面积较大；球形储罐无法整体运输、需现场拼装、制造工艺相对复杂，但占地面积相对较小。

图9－3　球形储罐实景图

图9－4　卧式储罐实景图

2. 汽车槽车

液化石油气由气源厂到厂站供应基地可采用管道运输、铁路槽车运输、汽车槽车运输和水路运输四种方式。

管道运输一次性投资较大，无法分期建设；铁路运输对基础设施要求高，运行、调度管理复杂、严格，专业性强，且受铁路接轨和铁路专用线建设等条件的限制；水路运输受装卸码头的限制；机动灵活的汽车槽车（图 9－5）运输是最常见的运输方式。

图 9－5　液化石油气汽车槽车

3. 烃泵

用于抽吸、输送和使液化石油气液体增加压力的机械统称为烃泵。在液化石油气厂站，烃泵主要用于输送液化石油气液体、装卸槽车和钢瓶灌装。厂家不同，烃泵外形也不同。图 9－6 为常见卧式离心泵，图 9－7 为常见叶片泵。

图 9－6　卧式离心泵

图 9－7　叶片泵

4. 压缩机

压缩机是用来压缩气体，提高气体压力和输送气体的机械。液化石油气厂站根据自身的设备特点和工艺，可用压缩机进行槽车装卸、钢瓶灌装和倒空。图9－8为常见液化石油气压缩机。

5. 灌装秤

灌装秤是向液化石油气钢瓶内定量充装液态液化石油气的专用设备。图9－9为单台液化石油气灌装秤，图9－10为液化石油气灌装转盘。

图9－8　液化石油气压缩机

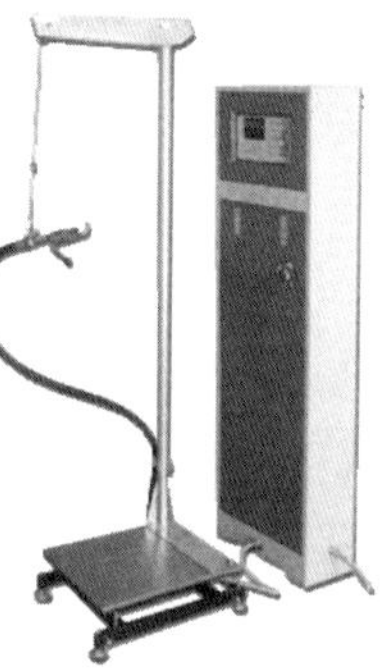

图9－9　液化石油气灌装秤

图9－10　液化石油气灌装转盘

液化石油气灌装转盘就是将多台灌装秤置于有动力金属结构的旋转台上，实现多瓶同时灌装、依次连续灌装的装置。

二、液化石油气气化站

液化石油气气化站由储存设备和气化设备组成，以将液态液化石油气转变为气态液化石油气为主要功能，并通过管道向用户供气。

气化站的储存设备可以是储罐，也可以是钢瓶。气化设备就是气化器，日常应用较多的是水浴式气化器，如图 9－11 所示。

三、液化石油气混气站

液化石油气混气站由储存设备、气化设备和混气设备组成，将液态液化石油气转换为气态液化石油气后，与空气或其他燃气按一定比例混合配制成混合气，经稳压后通过管道向用户供气。混气站一般是在管道气供应紧张时作为应急气源进行补充，日常应用较少。

四、液化石油气瓶装供应站

液化石油气瓶装供应站是经营和储存瓶装液化石油气的专门场所。

在瓶装供应站，常见的液化石油气钢瓶（图 9－12）由钢板焊接而成，较为沉重。随着科学技术的发展和生产水平的提高，我国已开始生产复合材料液化石油气气瓶（图 9－13），这种气瓶美观、轻便。

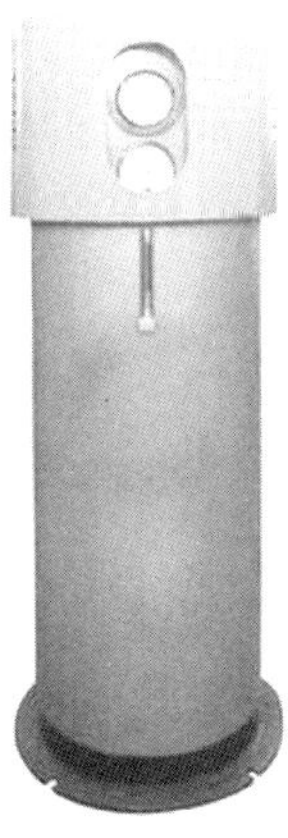

图 9－11 水浴式气化器

图 9－12 液化石油气钢瓶

图9-13 液化石油气复合材料气瓶

第二节 工作内容及安全要求

一、运行

液化石油气运行工作主要包括储罐区、瓶库区等区域或设施巡检，具体的工作内容及安全要求如下。

（一）储罐区

1. 工作内容

（1）运行人员按计划通过目视、嗅觉、听觉、仪器检测等方式，观察记录储罐区储罐、压缩机、烃泵等设备的运行参数、运转情况。发现储罐运行参数异常，立即上报；发现压缩机、烃泵等运转声音、参数异常，或液化石油气出现泄漏现象，立即停机，并上报。

（2）检查储罐区内液化石油气管道、阀门的运行情况。发现管道或阀门锈蚀、变形或有漏气、结霜等现象，立即上报。

（3）按调度指令，通过开关相关阀门、启停烃泵等操作，接收或输送液化石油气。按时检查接收或输送液化石油气的储罐、相关管道阀门的运行参数。发现储罐运行参数异常，立即上报；发现相关管道、阀门出现异常现象，立即上报。

（4）填报运行情况。每项操作结束或每次按计划巡视完成后，如实、准确填写运行记录（纸质版、电子版）。

2. 安全要求

（1）运行人员应具备上岗资格，身体、精神状况良好。

（2）运行人员按要求穿戴防静电工作服、工作鞋、手套。

（3）运行时应携带齐全相关工具、设备：

① 作业工具：阀门扳手、便携式可燃气体检测仪、防爆手电等；仪器、设备完好，电量充足。

② 相关材料：签字笔或钢笔、记录纸等携带齐全。

（4）开启、关闭设备或阀门时，正确操作，避免违规操作造成设备损失。

（5）作业人员登高巡查时应手抓牢、脚踩稳爬梯，逐级向上攀爬。

（6）作业工具、材料等不得下抛、投扔，要采用手递手或垂吊方式传递。

（7）运行中发现设备设施异常、液化石油气泄漏应及时上报，不得瞒报、漏报。对可能造成他人伤害或经济损失的，要做好警戒与监护工作，等待后续处置。

（8）每班运行结束，清点工具、设备，保证无遗失并妥善交接。

（二）瓶库区

1. 工作内容

（1）运行人员按计划通过目视、嗅觉、听觉、仪器检测等方式，观察记录瓶库区气瓶的状态及分类摆放情况：

① 发现气瓶外观异常，有变形、漏气等现象时，立即搬运到空旷区域，并上报。

② 发现气瓶实际种类（空瓶、实瓶、待检等）与摆放区域不一致时，立即转移到相应区域并记录相应情况。

③ 发现气瓶非本企业气瓶时，立即单独存放并上报。

（2）填报运行情况。每项操作结束或每次按计划巡视完成后，如实、准确填写运行记录（纸质版、电子版）。

2. 安全要求

（1）运行人员应具备上岗资格，身体、精神状况良好。

（2）运行人员按要求穿戴防静电工作服、工作鞋、手套。

（3）运行时应携带齐全相关工具、设备。

① 作业工具：便携式可燃气体检测仪完好，电量充足。

② 相关材料：签字笔或钢笔、记录纸等携带齐全。

（4）每班运行结束，清点工具、设备，保证无遗失并妥善交接。

（三）消防设施

1. 工作内容

（1）运行人员按计划通过目视、嗅觉、听觉等直观检查，观察记录消防设施和消防器材的状况：

① 消防水池的水质应良好，无漂浮物和油污。

② 消防泵房内应清洁干净，无杂物和易燃物品堆放。

③ 消防管线应无锈蚀损坏，阀门连接牢固、开关灵活。

④ 站内消防水管（带）、水枪和扳手等器材应齐全完好，无挪用现象。

⑤ 灭火器材应无埋压、圈占和挪用，且在检定周期内，完好有效。

⑥ 消防水泵结合器外观完好、无遮蔽。

⑦ 消防泵房内的应急照明设备应完好有效。

（2）按计划启动运行消防喷淋系统，并进行巡视检查：

① 消防水泵运行良好，无异常振动和异响，无漏水现象。

② 消火栓、消防炮无跑冒滴漏现象，开启正常。

③ 储罐喷淋管完好，喷头齐全，无堵塞。

（3）填报运行情况。每项操作结束或每次按计划巡视完成后，如实、准确填写运行记录（纸质版、电子版）。

2. 安全要求

（1）运行人员应具备上岗资格，身体、精神状况良好。

（2）运行人员按要求穿戴防静电工作服、工作鞋、手套。

（3）运行时应携带齐全相关工具、设备。

① 作业工具：阀门扳手、防爆手电等。

② 仪器、设备完好，电量充足。

③ 相关材料：签字笔或钢笔、记录纸等携带齐全。

（4）开启、关闭设备或阀门时，正确操作，避免违规操作，造成设备损失。

（5）作业人员登高巡查时应手抓牢、脚踩稳爬梯，逐节向上攀爬。

（6）作业工具、材料等不得下抛、投扔，要采用手递手或垂吊方式传递。

（7）运行中发现设备设施异常应及时上报，不得瞒报、漏报。对可能造成他人伤害或经济损失的，要做好警戒与监护工作，等待后续处置。

（8）每班运行结束，清点工具、设备，保证无遗失并妥善交接。

（四）配电设施

1. 工作内容

(1) 日常运行，运行人员按要求巡视检查配电室及周边区域状况：

① 配电室门口应有禁止无关人员进入的警示标志，并保持完好。

② 配电室的门、窗关闭应密合。

③ 电缆孔洞应用绝缘油泥封闭，配电室与室外相通的门、窗、洞、通风孔应设有挡板、网罩。

④ 配电室内的应急照明设备应完好有效。

⑤ 电缆沟上应盖有完好的盖板。

⑥ 配电柜、电容柜、计量柜等设备运行正常，参数在规定范围之内。

⑦ 各供电、停电线路状态正常，开关标志齐全。

⑧ 电气设备外露带电部分应屏护完好。

(2) 定期巡检，相关专业人员按计划定期巡视检查以下内容：

① 生产区内的电气设备、电器元件应接触良好，连接可靠，无严重发热、烧损现象。敷设的电气线路未遭到损坏，符合防爆要求。

② 电气箱柜体内外应整洁、完好、无杂物、无积水，周边无障碍物。

③ 有配电设施的房屋无漏雨现象。

④ 防雷防静电接地装置的保护接地应完好。

2. 安全要求

(1) 运行人员应具备上岗资格，身体、精神状况良好。

(2) 运行人员按要求穿戴工作服、绝缘鞋、手套。

(3) 运行时应携带齐全相关工具、设备。

① 作业工具：绝缘杆、万用表、电笔等；仪器、设备完好，电量充足；

② 相关材料：签字笔或钢笔、记录纸等携带齐全。

(4) 运行中发现设备设施异常应及时上报，不得瞒报、漏报。对可能造成他人伤害或经济损失的，要做好警戒与监护工作，等待后续处置。

(5) 每班运行结束，清点工具、设备，保证无遗失并妥善交接。

(五) 仪表监控系统

1. 工作内容

(1) 日常运行，运行人员按要求检查各项仪表数据和计算机、仪表柜周边状况：

① 各项参数（储罐液位、压力、温度、流量计量、浓度检测等）应在正常范围之内，并与实际运行相吻合。

② 发现参数异常或出现报警，立即通知现场运行人员检查核实实际情况，

确认原因。未确定仪表误报前不得消除报警信号。

③ 计算机显示屏幕显示应清晰、亮度适中，操作键接触应良好。

④ 电缆孔洞应用绝缘油泥封闭，与室外相通的门、窗、洞、通风孔应设有挡板、网罩。

⑤ 仪表柜柜体内外应整洁、完好、无杂物、无积水，周边无障碍物。

（2）定期巡检，相关专业人员按计划定期巡视检查生产区内的仪表，应外观完好，元件接触优良，连接可靠，无严重发热、烧损现象。敷设的仪表线路未遭到损坏，符合防爆要求。

2. 安全要求

（1）运行人员应具备上岗资格，身体、精神状况良好。

（2）运行人员按要求穿戴工作服。

（3）运行中发现设备设施异常应及时上报，不得瞒报、漏报。

（4）每班运行结束，认真记录，妥善交接。

二、设备检修

1. 工作内容

（1）设备检修前应进行下列准备工作：

① 确认待修设备进、出口阀门已关闭严密；放散检修设备内的液化石油气、放散气体应排向室外的安全处，观测压力为零时方可进行下一步操作。

② 密封件、易损零部件、过滤器滤芯等配置齐全且完好。

③ 如螺栓锈蚀严重应提前涂抹除锈剂。

（2）烃泵的检修工作应包括机械密封、轴承、刮板等易损件的更换和叶轮、轴等其他部位的检查维护。

（3）压缩机的检修工作应包括吸排气阀、活塞环、刮油环等易损件的更换和气缸、活塞等其他部位的检查维护。

（4）过滤器的检修工作应包括滤芯、密封圈等易损件更换和过滤器外表面维护。

（5）阀门的维护保养包含阀门的启闭检查操作、防锈处理、执行机构的维护等内容。

（6）设备检修完成后应达到的合格标准：外观应清洁无污物，各设备及支架漆膜完好无锈蚀；烃泵、压缩机运转声音正常，前后压差在规定范围内；过滤器前后压差在规定范围内；管道及设备、阀门等连接点无泄漏。

（7）检修完毕后应对检修使用的工具、设备等进行检查清点，并应填写检修记录，与更换零部件的质量证明文件等一并存档。

2. 安全要求

（1）操作人员应经过专业技能及安全知识等相关内容的培训，取得上岗资格后方可执行操作。

（2）现场操作人员不得少于2人，其中应有一人指定为负责人，负责人职业资格技能等级应为四级或以上。操作人员应穿戴防静电工作服、工作鞋等防护用品。

（3）操作现场应有消防器材，并应保证其完好有效。

（4）操作现场宜用警示带划分出操作区域，无关人员不得进入。

（5）检修操作所使用的设备及工具应是防爆型的，如使用非防爆型工具应涂抹黄油；检测、照明、通信等设备应为防爆型。

（6）室内烃泵、压缩机等检修操作，应按先检测环境中液化石油气浓度，再打开门窗，开启防爆风机进行强制通风的顺序进行。

（7）检修操作时应对现场环境中液化石油气浓度进行全过程监测，防爆风机应处于开启状态。液化石油气浓度应低于0.3% VOL。若超过0.3% VOL，应停止操作，采取措施，待浓度降至0.3% VOL以下时方可继续操作。

三、生产作业

（一）槽车装卸

槽车装卸作业是指利用厂区内专用装卸台、烃泵或压缩机，将储罐内液化石油气装入槽车或将槽车内液化石油气卸入储罐的操作，主要的安全要求如下。

（1）操作人员应具备上岗资格，身体、精神状况良好。

（2）作业前应由相关管理部门下达任务单。如遇紧急事故执行抢修任务，应在抢修完毕后补办手续。

（3）开展生产作业前，应检查槽车和司机、押运员的资料，确保手续齐全，并全面检查槽车储罐和安全附件的工作状态，确保齐全、完好、有效。

（4）作业现场要配备相应的工具、仪器，如阀门扳手、通信工具、防护用具、消防器材、检测仪器等。

（5）作业过程中，操作人员应全程按规定穿戴劳动防护用品。

（6）作业过程中，操作人员应严密观察槽车装卸情况及现场设施的运行状况，发现异常立即停车并上报。必要时立即脱开装卸装置，令槽车驶离现场。

（7）槽车装卸作业要避开雷雨等不利气象条件。

（8）作业结束，操作人员要检查、恢复设备和阀门的运行状态，并妥善保管现场的工具、器材。

（9）填报作业情况。每次作业结束后，如实、准确填写作业记录（纸质版、电子版）。

（二）气瓶灌装及倒空

气瓶灌装及倒空是指利用厂区内专用灌装秤或生产线、烃泵或压缩机，将储罐内液化石油气装入液化石油气气瓶，或将超量灌装、不合格气瓶以及残液超标气瓶内液化石油气倒回储罐的操作，主要的安全要求如下。

（1）操作人员应具备上岗资格，身体、精神状况良好。

（2）操作人员应全程穿戴防静电工作服、工作鞋、手套等防护用品。

（3）开展生产作业前，应检查灌装设备、管线、阀门的工作状态，确保完好无泄漏。室内充装时，应开启通风装置。

（4）新购置气瓶或检修后首次投入使用的气瓶，要确保已完成抽真空置换。

（5）作业现场要配备相应的工具、仪器，如阀门扳手、通信工具、防护用具、消防器材、检测仪器等。

（6）作业过程中，操作人员应先通过扫码、目测等方式检查气瓶状态、权属，确认无误后再灌装，确保只灌装自有合格的气瓶。单只气瓶灌装达到规定数量后，要立即停止充装，不得超量。

（7）完成灌装的气瓶，应进行检斤试漏。完成倒空的气瓶，应按要求将空瓶送至待灌装或待检区域。

（8）在作业过程中，操作人员如果发现设备、气瓶出现异常情况，应立即停车并上报。对于异常的气瓶，在确保人员安全的情况下可移至室外空旷地带，并做好现场监护。

（9）作业结束，操作人员要检查、恢复设备和阀门的运行状态，并妥善保管现场的工具、器材。

（10）填报作业情况。每次作业结束后，如实、准确填写作业记录（纸质版、电子版）。

（三）供应站换瓶

供应站换瓶是指在换瓶站接收客户交回的空瓶、向其提供合格实瓶的操作，主要的安全要求如下。

（1）作业人员应具备上岗资格，身体、精神状况良好。

（2）作业人员应全程穿戴防静电工作服、工作鞋、手套等防护用品。

（3）工作中注意文明用语，沟通交流中理智、冷静，避免发生冲突事件。

（4）作业现场要配备相应的工具、仪器，如活扳手、通信工具、防护用具、消防器材、检测仪器、堵漏工具等。

（5）作业过程中，操作人员应先检查客户交回的气瓶，确保是本单位的气瓶，且外观完好；同时与客户共同检查拟交付的实瓶，确保气瓶外观、重量合格、无泄漏且在有效检定周期内。

（6）作业过程中，操作人员要耐心回答客户提出的问题，随时向客户宣传液化石油气使用常识和注意事项。

（7）作业过程中，发现气瓶漏气要立即利用堵漏工具进行初步处理。发现气瓶外观变形等异常现象要立即上报，并做好现场监护。

（8）作业结束，作业人员要检查瓶库内空、实瓶的数量、状态，清点现场的工具、器材。

（9）填报作业情况。每日作业结束后，如实、准确填写作业记录（纸质版、电子版）。

四、应急抢修

应急抢修是指发生危及安全的泄漏以及引起停产、中毒、火灾、爆炸等突发事件后，为尽快控制和减少事件造成危害而采取紧急措施的作业，主要的安全要求如下。

（1）接到抢修报警后应立即启动应急预案，并应根据事故情况联系有关部门协作抢修。抢修作业应统一指挥，服从命令，并应采取安全措施。

（2）发生的事故可能导致人员中毒或火灾、爆炸事故，危及周围人身财产安全时，应协助公安、消防及其他有关部门进行抢救、保护现场和疏散人员。

（3）抢修人员应佩戴职责标志。进入作业区前应按规定穿戴防静电服、工作鞋等防护用具，并严禁在作业区内穿脱和摘戴。作业现场应有专人监护，严禁单独操作。

（4）抢修人员到达现场后，应根据液化石油气泄漏程度和气象条件等确定警戒区、设立警示标志；在警戒区内应管制交通，严禁烟火，无关人员不得留在现场，并应随时监测周围环境的液化石油气浓度。

（5）生产设施液化石油气泄漏发生火灾时，应及时切断气源控制火势。

（6）当液化石油气泄漏发生爆炸后，应迅速控制气源和火源，防止引发次生灾害。

（7）生产设施事故隐患未查清或隐患未消除时，不得恢复生产，抢修人员亦不得撤离现场，并应采取安全措施，直至隐患消除为止。

第三节 相关事故案例

一、疲劳操作致液化石油气罐车泄漏引发重大爆炸着火事故

2017 年 6 月 5 日 1 时左右，临沂市某石化有限公司储运部装卸区的一辆液化石油气槽车在卸车作业过程中发生液化石油气泄漏，引起重大爆炸着火事故，造成 10 人死亡、9 人受伤，直接经济损失 4468 万元。经计算，本次事故释放的爆炸总能量为 31.29 t TNT 当量，产生的破坏当量为 8.4 t TNT 当量（最大一次爆炸）。

（一）事故经过

2017 年 6 月 4 日 23 时 30 分，肇事车辆驾驶员唐某疲劳驾驶豫 J90700 号液化石油气槽车抵达临沂某石化有限公司，跟车押运员陈某回家休息。

6 月 5 日 0 时 57 分，唐某驾驶车辆驶入某石化有限公司卸车位准备卸载车上液化石油气。卸载过程中，唐某因极度疲惫，操作严重失误，未按规程闭合装卸臂快接管口两个定位锁止手柄，致使快接接口与罐车液相卸管未能可靠连接。

0 时 59 分 10 秒，唐某打开罐体液相阀门一半时，液相连接管口突然脱开，大量液化石油气喷出并急剧气化扩散，正在值班的某石化有限公司储运部现场作业人员未能有效处置，液化石油气泄漏长达 2 分 10 秒，很快与空气形成爆炸性混合气体，遇到点火源发生爆炸，造成事故车及其他车辆罐体相继爆炸；罐体残骸、飞火等飞溅物接连导致 1000 m^3 液化石油气球罐区、异辛烷罐区、废弃槽车、厂内管廊、控制室、值班室、化验室等区域先后起火燃烧，造成唐某等 10 人死亡。

（二）事故原因及分析

（1）厂站设施由运输人员操作，且无人监管。驾驶员长途奔波，在极度疲惫状态下操作出现严重失误。

（2）现场人员未能有效处置，泄漏后的液化石油气急剧气化，迅速扩散，与空气形成爆炸性混合气体达到爆炸极限，遇点火源发生爆炸燃烧。

（3）装卸区内停放其他运输车辆，持续爆炸扩大了损失。

（三）事故启示

从液化石油气厂站的角度，需要做好以下几个方面的工作。

（1）在槽车驶入装卸区域前，厂站人员要对其进行检查，不仅要检查车辆

状态、手续，也要检查人员的情况，如人员的配备、相应证照、精神状态等。不符合要求的不得进入作业区域。

（2）需两个单位或两个部门人员共同作业的区域，应双方人员共同参与，各自对自己的设备设施负责。

（3）厂站应加强管理，尤其是生产作业区域，应严禁停放其他车辆。

（4）定期开展应急演练。全面辨识作业中可能遇到的危险有害因素、可能发生的紧急情况，编制科学、合理、可行、有效的事故应急救援预案，并保证每年至少演练一次。

二、储罐场管理不到位引发爆炸致 11 人死亡事故

2013 年 6 月 11 日 7 时 26 分，苏州燃气集团有限责任公司液化石油气经销分公司某储罐场生活区综合办公楼发生液化石油气泄漏爆炸事故，造成 11 人死亡、9 人受伤入院救治（其中 1 名伤员伤势严重，经抢救无效于 6 月 20 日死亡），直接经济损失 1833 万元。

（一）事故经过

2013 年 6 月 11 日 7 时 20 分左右，某储罐场和送气中心 19 名职工到达综合办公楼，在办公室更衣待上班时，食堂管理员之子驾车停靠在综合办公楼东侧楼下，食堂管理员下车后进入食堂储藏室和厨房间东侧门。1 min 后，在该小轿车停放位置西侧、综合办公楼东侧厨房位置突然发生爆炸，当场造成该综合办公楼整体坍塌，包括食堂管理员在内的楼内 20 人被埋压。

经苏州市公安局、市消防支队等 500 多名消防员和公安民警积极救援，当天 17 时 45 分，被埋压的 20 名职工全部找到并先后送往医院救治。事故最终造成 12 人死亡，8 人受伤。

（二）事故原因及分析

根据资料和现场情况分析，事发前 1 天下午，食堂管理员下班离开单位时未切断厨房阀门，食堂大锅灶处于蒸煮状态，此后在无人看管的情况下灶头火焰意外熄灭，造成液化石油气通过灶头泄漏；储罐运行工范 × 进在下班时未关闭储罐区通向锅炉房和厨房的气相阀门，使大量液化石油气泄漏扩散至整个食堂。食堂管理员早晨进入厨房后处置不当，触动电器开关产生电火花引起爆炸。

（三）事故启示

从液化石油气厂站的角度，该单位的安全管理工作存在以下缺陷。

（1）燃气安全培训教育不到位。食堂管理员忽视燃气安全使用规定，疏忽大意，夜间长时间无人值守蒸煮食物。

（2）安全监控措施不到位。食堂在储罐场内长期使用液化石油气，有液化石油气泄漏风险，未安装燃气浓度检测装置，发生泄漏时未及时发现。

（3）应急演练不到位。食堂管理员进入食堂发现泄漏后，处置不当，触动电气开关引起爆炸。

三、注水倒罐置换无人看守引发液化石油气爆炸事故

2015 年 7 月 16 日 7 时 39 分，山东石大科技石化有限公司（简称“石大科技公司”）液化石油气球罐在倒罐作业时发生泄漏着火、爆炸，在事故救援过程中造成 2 名消防队员受轻伤，直接经济损失 2812 万元。

（一）事故经过

2015 年 2 月，石大科技公司罐区 12 个球罐陆续开始定期检验。至事故发生前，除 7 号罐和 9 号罐之外的其他 10 个球罐均已完成检验。

为了对 7 号罐进行检测，采取经 7 号球罐底部注水线向罐内注水，同时从满罐存水的 6 号罐底切水管线连接临时消防水带排水，7 号罐内液化石油气通过罐顶放散管线导入 6 号罐的方法，将 7 号罐内的液化石油气倒入 6 号罐。倒罐作业过程中，当班人员每小时进行一次巡检。倒罐作业的同时，两名外来施工人员在 7 号罐的脚手架上从事刷清漆剂作业。

2015 年 7 月 16 日 7 时 37 分，连接 6 号罐底切水管线的消防水带发生液化石油气泄漏。7 时 38 分，消防水带呈“甩龙”状剧烈舞动。7 时 39 分发生爆燃。9 时 16 分，6 号罐和相邻的 8 号罐底部区域发生爆炸。9 时 27 分，8 号罐发生罐体撕裂并爆炸。9 时 37 分，6 号罐发生爆炸飞出，并导致 2 号罐和 4 号罐倒塌，2 号罐和 7 号罐着火，多罐及罐区上下管线、管廊支架等设备设施不同程度损坏。7 月 17 日 7 时 24 分左右，现场救援人员关闭最后一处着火点——7 号罐顶部磁翻板液面计阀门后，罐区明火全部熄燃。

（二）事故原因及分析

（1）注水倒罐置换时，切水过程中无人现场值守，致使液化石油气大量泄漏后遇静电火花引起爆燃。

（2）事故发生后，储罐周边火势较大，人员无法进入现场关闭罐底泄漏阀门。罐顶放散管在罐区界区处加盲板隔离，无法通过火炬系统对液化石油气进行安全泄放。

（三）事故启示

从液化石油气厂站的角度，需要做好以下几个方面的工作。

（1）在建立健全操作规程的同时，对于安全风险性较大的作业，要加强现

场值守和安全监控。

（2）应加强安全管理，在风险性较大的作业区域，不得有无关人员从事其他工作。

（3）重要安全防范措施应时时处于“待命”状态，随时可投入使用。

第十章　燃　气　用　户

第一节　工艺流程与设备设施

燃气用户是城镇燃气系统的终端用气单元，包括居民用户、商业用户、工业用户、采暖和制冷用户及汽车用户等。居民用户是以燃气为燃料进行炊事或制备热水为主的家庭用户，商业用户是以燃气为燃料进行炊事或制备热水的公共建筑或其他非家庭用户，工业用户是以燃气为燃料从事工业生产的用户，采暖和制冷用户是以燃气为燃料进行采暖、制冷的用户，汽车用户是以燃气作为汽车燃料的用户。

一、居民用户燃气供应系统

城镇居民主要使用燃气进行炊事和生活用水的加热。目前我国居民使用的燃具主要有民用燃气灶具、燃气热水器、燃气壁挂炉等。

居民用户燃气供应系统由室内管道（总立管、引入管、水平干管、支管）、阀门、燃气表、专用燃具连接软管、自闭阀、燃气用具等组成，如图 10－1 所示。

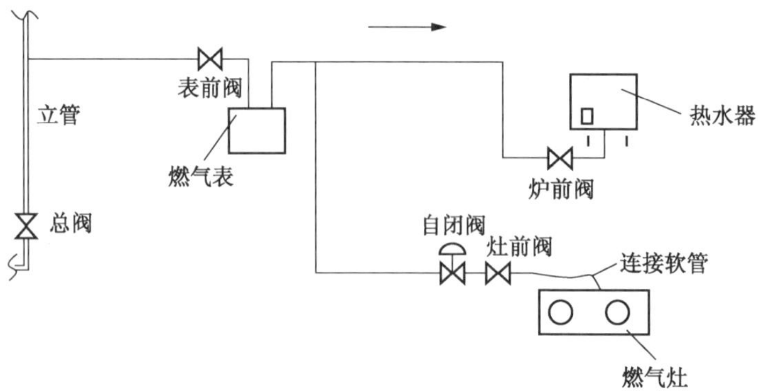

图 10－1　居民用户燃气供应系统图

居民用户用气的特点：单户用气量不大，用气随机性较强；用气量受季节、气候、生活习惯等多种因素的影响，人均年用气量有变化，但在连续的年份中相对稳定。

二、商业用户燃气供应系统

商业用户包括商业综合体、餐饮、公共建筑设施（如宾馆、旅馆、饭店、学校、医院等）、机关、科研机构等的生产及生活用气。燃气主要用于食品加工、热水加热、试验研究用气等。商业用户的燃具根据其需要，可以选择燃气大锅灶、蒸箱、燃气烤箱、燃气开水炉及试验设备等。

商业用户燃气供应系统组成和居民用户燃气供应系统类似，一般由室内管道、阀门、燃气表、连接管及燃气用具等组成，如图 10－2 所示。商业用燃气设备主要有蒸汽发生器类、蒸箱类、炸炉类、煮食类、大锅灶类、平头炉类、沸水器类、饭锅类、洗碗机类、炒灶类、烧烤炉类、热饭炉类、烤箱类等。

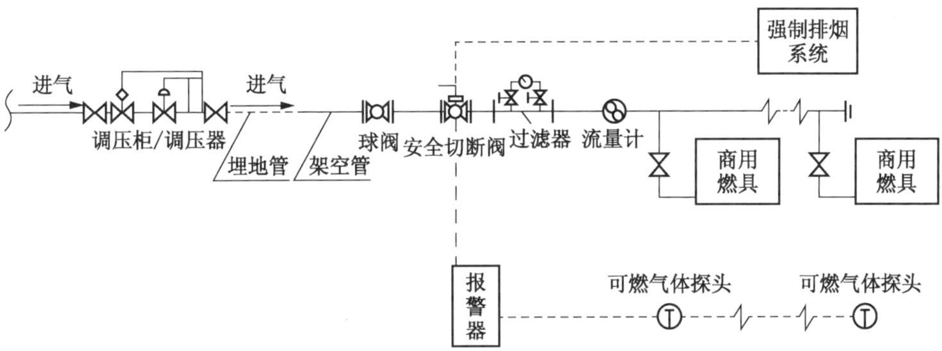

图 10－2 商业用户燃气供应系统图

为保障人身财产安全，预防和减少燃气事故，按照《燃气工程项目规范》（GB 55009—2021）要求，商业用户应设置燃具燃气泄漏报警和切断等安全装置并应联动，在特殊情况下（如商业综合体）可燃气体报警装置应与消防系统联动。

商业用户的用气特点：单个用户的用气量不是很大，但用气比较有规律。由于各种类型商业用户有其自身的运营规模和规律，其用气时间和用气量也有一定的规律。

三、工业用户燃气供应系统

工业用户主要指具有生产活动的企业用户，燃气为其提供生产过程中加热、燃烧、动力所需的能源。工业用户设备设施主要包括安全放散装置、过滤器、计量器具、补偿器、调压设备、加压设备、自动切断、仪器仪表、阀门、配套管道等。这些设备设施在日常运营中依赖燃气来进行各种工业活动，如制造、加工、热处理等。

工业用户燃气供应系统主要从城市管网接入，由工厂引入管、厂区燃气管道、车间燃气管道、阀门、调压设施、计量装置、放散装置、炉前管道及可燃气体报警装置等构成，如图 10－3 所示。工业企业用户一般由城市中压或高压管网供气，大型企业设专用线由城市门站或高压调压站直接供气。

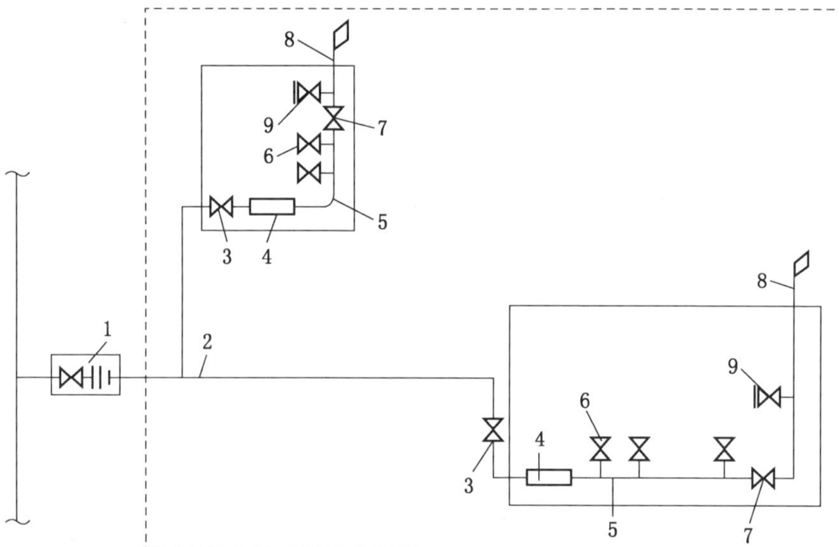

1—工厂引入管总阀门及补偿器；2—厂区燃气管道；3—车间引入管总阀门；4—燃气计量装置；5—车间燃气管道；6—燃烧设备前的总阀门；7—放散管阀门；8—放散管；9—吹扫取样短管

图 10－3　工业用户燃气设备设施系统图

工业生产的用气特点：用气比较有规律，用气量大且均衡。由于工业企业一般具有相对固定的生产时间，因此工业用户的用气时间和用气量与生产作息时间和制度有关。在燃气供应不能完全满足能源需要时，一些工业用户还可以根据燃气调度部门的安排，在规定的时间内停气或用气，以缓解燃气系统的供需矛盾。

四、采暖和制冷用户供应系统

采暖和制冷用气设施主要是指以燃气为动力设置的集中采暖和空调设施。

燃气采暖主要有集中采暖和单户独立采暖两种形式。集中采暖利用原有的采暖系统，将其中的燃煤或燃油锅炉改造或更换为燃气锅炉（图10－4）。随着采暖方式的变化，单户独立采暖的方式越来越受到重视。根据我国目前的情况，单户独立采暖使用燃气或电作为能源的可能性较大。用电采暖需要电网等设备的配套和电价政策的支持，而只要燃气能送到的地方均可以实现单户独立采暖，用户只需要有一台燃气两用炉即可同时解决生活热水和采暖问题（图10－5）。

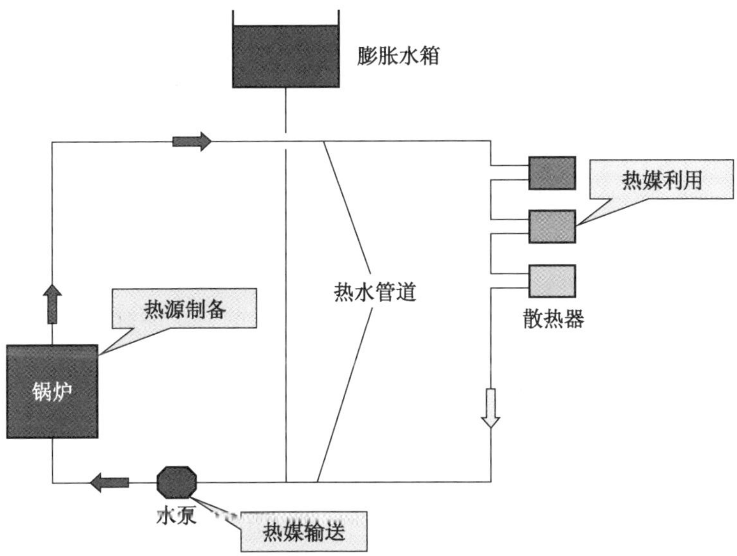

图10－4 集中采暖示意图

采暖和制冷用气特点是季节性明显。我国大部分地区都有不同时间长短的采暖期，在北方地区用气量比较大，用气相对稳定。随着社会发展和气候变化，夏季制冷用户用气量也在逐年增加。

冷、热、电三联供是指布置在用户附近，以天然气为主要燃料带动燃气轮机、微型燃气轮机或内燃机发电机组等燃气发电设备运行，系统发电后排出的余热通过余热回收利用设备制冷、供热，同时向用户输出电能、供热、供冷的分布

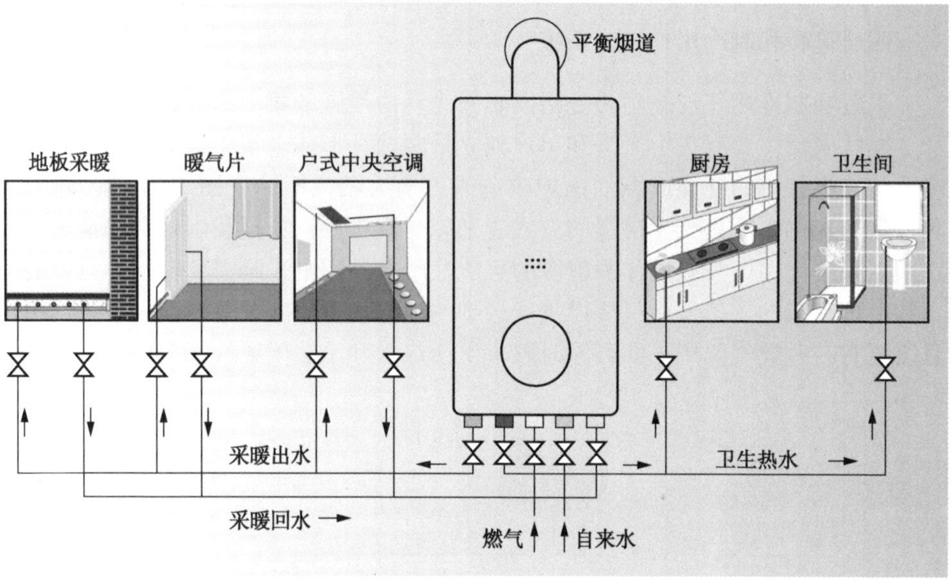

图 10－5　单户独立采暖示意图

式能源供应系统。这种方式不仅大大提高整个系统的一次能源利用率，实现了能源的梯级利用，还可以提供并网电力作为能源互补。冷、热、电三联供系统对缓解夏季用电高峰、减少环境污染、提高燃气管网利用率、保持用气的季节平衡、降低燃气输送成本等起到很大作用。

冷、热、电三联供系统由动力发电系统、余热利用系统组成，当用户负荷主要为空调制冷、供暖负荷时，余热利用设备宜采用吸收式冷（温）水机组；当用户负荷主要为蒸汽或热水负荷时，余热利用设备宜采用余热锅炉及换热器，如图 10－6 所示。

五、其他用户供应系统

其他用户主要指发展过程中出现的新用气情况，有燃气汽车、燃气发电、农业生产用气、化工用气、燃料电池等。

（1）燃气汽车：使用天然气为动力的汽车。发展燃气汽车可以改善汽车尾气对大气的污染。大部分燃气汽车属于油、气两用车。发展燃气汽车不仅有利于减轻城镇大气污染，还可减少对石油产品的依赖。

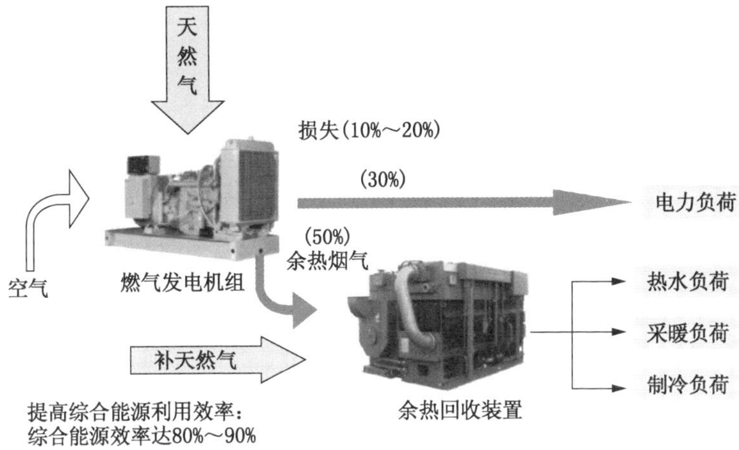

图 10－6 三联供系统示意图

（2）燃气发电：使用天然气或者其他可燃气体发电。天然气联合循环发电集天然气洁净与联合循环高效于一身，具有诸多优点，成为当今世界最受青睐的实用发电技术。

（3）农业生产用气：燃气用于鲜花和蔬菜的暖棚种植、粮食烘干与储藏、农副产品的深加工等。

（4）化工用气：天然气在化工行业主要用作原料，原料气以化肥及化工产品用气为主。

此外，天然气在生物、医药、农药等方面的新应用将有所发展，燃气燃料电池也在研究和开发之中。总之，燃气用途及用户发展随着气源的增加会不断扩大。

第二节 工作内容及安全要求

一、设备设施安装

（一）工作内容

1. 户内管安装

（1）根据设计图纸准确选取管材管件。

（2）检查管材外观、材质、型号、平直度等。

（3）根据图纸尺寸要求，计算下料长度，截取管段。

（4）镀锌管使用电动套丝机完成管道切割、倒角、螺纹加工。薄壁不锈钢管使用割刀、倒角器、压管钳，完成管道的切割、倒角和压接。非定尺不锈钢波纹管用剥皮刀剥除3个波距的被覆层（约15 mm），装上螺母，使用敲波器制作平整管端，装上铜环和接头完成敲波式不锈钢管波纹管装配；使用机械套筒完成承插式不锈钢波纹管装配。

（5）使用激光水平仪，确定打孔位置。

（6）使用电钻，钻取安装管卡的孔洞。

（7）根据安装管道的管径选择合适的管卡，将管道通过固定管卡固定在墙上。

（8）按照图纸要求，选取合适的管件（短丝、活接头、锁母、弯头、三通、变径等）进行管道组装。

（9）用激光水平仪、水平尺等工具复查管道安装有无位移。

2. 燃气表安装

（1）根据设计图纸正确选取燃气表。

（2）检查燃气表外观完好，规格型号符合要求。

（3）保证表位周边环境空气流通，附近不可以有明火源。

（4）按照设计图纸和产品说明书的要求进行燃气表安装。

（5）检查燃气表入口连接的燃气管，确保其清洁。

（6）对用户管进行气密测试。

（7）将燃气表配件、阀门及燃气表安装在表位上。

（8）安装燃气表调压器时，尽可能接近燃气表入口处。

（9）将燃气表控制阀安装在水平支管上并尽可能接近燃气表或其调压器、过滤器的入口处。其位置应方便技术员操作及维修。

（10）燃气表安装完毕，用水平尺复查，确保水平安装。

（11）关闭燃气表控制阀及气体用具控制阀，以确保安全。

3. 燃气具安装

（1）核对燃具型号、气源种类正确。

（2）检查外观完好、随机配件完整。

（3）检查安装环境符合要求：通风良好，无易燃易爆物品，安全间距满足要求，橱柜通风良好。

（4）熟读燃具附带的厂家说明书中的安装要求。

（5）准备好工具及所需管材管件等安装材料，并清点数量与核对款型、出厂时间（如燃气用软管，需查看使用年限）。

（6）确定安装位置，固定燃具，确保安装牢固（安装热水器：钻孔前需确认安装位置墙体下没有暗埋的其他管线。安装排烟管：连接部位应用螺钉固定，并用铝箔封口；安装冷热水管，并通水试验检查是否漏水）。

（7）燃气软管安装不应纵向扭曲，弯曲半径应大于管径的3倍。

（8）点火运行并进行调试，确保燃具运行正常。

（9）管道和燃具等安装完成后，绘制竣工图（简图）或拍照、填写验收单并存档。

（10）对管道进行严密性检测。

4. 燃气管道改装、迁移、拆除

（1）用户向燃气公司相关部门提出申请。用户不得私自进行。

（2）燃气公司组织人员进行现场勘查，判断是否符合改装、迁移、拆除条件。

（3）根据现场环境进行设计、报价。

（4）根据设计图纸领料、下料、施工。

（5）如是在用的管线进行改装、迁移、拆除，需要在用户用气低峰或不用气时停气，对要施工的管道内燃气进行置换，置换合格后，才能施工。

（6）施工完毕，需要对改装、迁移管道进行强度试验、严密性试验、气密性测试，确保没有燃气泄漏。

（7）将断管或拆除的管道用丝堵进行封堵，确保没有燃气泄漏。

（8）进行通气置换，对燃气具进行点火测试。

（9）工作过程中随时监测作业环境有无燃气泄漏。

（二）安全要求

（1）作业人员应具备上岗资格，身体、精神状况良好。

（2）作业人员按要求穿戴防静电工作服、安全鞋、手套（使用转动工具时不允许佩戴）、防尘口罩、护目镜，长发应束紧不外露，夜间室外作业应穿着高可视警示服。

（3）作业时应携带齐全相关工具、设备。

① 作业工具设备：扳手、管钳、压力计、套丝机、压管钳、尺子、激光测距仪、水平尺、激光水平仪、墙体测试仪、电钻等。

② 仪器、设备完好，电量充足；仪器、设备携带尽量按照一用一备原则。

③ 相关材料：签字笔或钢笔、施工图纸、记录单等携带齐全。

（4）作业时保持专注、遵守操作规程。安装时，使用工具注意手部安全，防止砸伤、挤伤。作业前，佩戴好手套。使用电动套丝机时切记不要戴手套，防止被转动设备缠绕，造成手部伤害。在室内高处作业，作业平台要稳固，防止倾倒造成人员受伤。搬卸材料、设备时，注意手部、腰部安全，防止挤伤、扭伤。使用电钻时要佩戴眼罩和防尘口罩，防止灰尘或飞溅物损伤，钻孔要慢定位速开孔，防止打滑。

（5）及时清理操作区域，保证工作区域的清洁。

（6）作业过程中出现意外应及时上报，不得瞒报、漏报；对可能造成他人伤害或经济损失的，要做好警戒与监护工作，等待后续处置。

（7）工作中注意文明用语，与客户沟通交流要礼貌、理智、冷静，避免发生冲突事件，遇到危及自身的行为，寻求法律保护。

（8）保管好个人财物与工具、设备，避免丢失、被盗。

（9）作业完毕，清点工具、设备，保证无遗失并妥善保存。

二、置换通气点火

（一）工作内容

1. 立管置换

（1）确认立管已经通过强度试验和严密性试验并验收合格。

（2）检查置换区域无易燃易爆物品，无燃气积聚的可能。

（3）确认待置换立管是完全封闭的。

（4）连接放散装置；打开立管阀门进行置换，将放散管伸出窗外 20 ~ 40 cm，避免燃气置换过程中大量燃气回流至室内发生危险。

（5）连续检测三次，确定燃气浓度已超过 90%；每次间隔 5 min，放散便告完成。

（6）拆除放散装置，恢复原状，并用丝堵封堵接口。

（7）用气体检测仪或者检漏液检测封堵口，无漏气后方可离开现场。

2. 通气点火

（1）严格按照通气点火作业方案进行；尽量避免夜间通气。

（2）作业之前必须完成立管置换。

（3）进行全面检查（通气房间通风良好，无双气源，无易燃易爆物品，地面和墙壁应为不燃材料，燃具气源匹配，有质量标贴，有熄火保护装置，安装到位、热水器或壁挂炉烟道安装规范等），当发现存在问题时，应进行整改，并对燃气系统进行气密测试，确保不漏气，方可通气。有整改时，要对整改后的位置拍照存档。

(4) 通气点火后，使用气体检测仪检测所有新连接位置，确保不漏气。灶具、热水器、壁挂炉火焰燃烧正常，无异响、振动，废气能够顺利排向室外，烟道接口、机器无废气溢出。

(二) 安全要求

(1) 作业人员应具备上岗资格，身体、精神状况良好。

(2) 作业人员按要求穿戴防静电工作服、安全鞋、手套、安全帽，长发应束紧不外露。

(3) 作业时应携带齐全相关工具、设备。

① 作业工具设备：扳手、管子钳、压力计、可燃气体检测仪、四合一检测仪、检漏液等。

② 仪器、设备完好，电量充足；仪器、设备携带尽量按照一用一备原则。

③ 相关材料：签字笔或钢笔、用户信息、记录单等携带齐全。

(4) 开启、关闭阀门时正确操作，缓慢开启及关闭；检查测试阀门是否内漏。

(5) 置换作业严格按照流程操作，气体放散应引到安全位置，随时检测放散气体浓度及周边环境浓度，发现异常后及时上报；泄漏原因及泄漏未消除前需要采取措施，不得撤离。如用氮气置换燃气，随时检测周边氧含量，防止氮气聚集，造成人员窒息。

(6) 通气点火时严格按照流程操作，避免因操作不当引发火灾、爆炸、一氧化碳中毒（不完全燃烧）等意外情况。

(7) 作业过程中发现的施工问题应及时上报，不得瞒报、漏报。对可能造成他人伤害或经济损失的，要做好警戒与监护工作，等待后续处置。

(8) 工作中注意文明用语，与客户沟通交流要礼貌、理智、冷静，避免发生冲突事件，遇到危及自身的行为（如人身攻击、动物咬伤等），及时寻求法律保护或就医。

(9) 保管好个人财物与工具、设备，避免丢失、被盗。

(10) 通气点火结束，清点工具、设备，保证无遗失并妥善保存。

三、安全检查

安全检查对象主要包括用气场所、用户管道、阀门、计量表、燃具和用气设备、燃具连接用软管、给排气装置等。在日常巡检中，如发现异常情况，应尽快处理，查明原因并修复。入户检查应做好检查记录。

1. 管道燃气用户

居民用户的巡检重点主要包含用气场所、引入管、管道、阀门、计量表、燃具、燃具连接软管等，非居民用户还应检查计量间的情况。

（1）用气场所：房间不住人，无易燃易爆品存放，通风良好，有给排气条件；不设置两种及以上的燃料，燃具未设置在密闭房间、卧室、卫生间、车库、储藏间；不使用双火源。

（2）引入管：无占压，无锈蚀，无沉降，无泄漏，无违规暗埋暗封，无私改私接，引入管稳固。

（3）管道：无泄漏，无锈蚀（重点检查敷设在水池下方的管道），管道稳固，无重物搭挂，无包封，未作为电器接地线，管道沿途无易燃易爆品、无腐蚀性介质，管道未设置在发电间和变配电室等设备用房，管道未设置在卧室、客房、宿舍及更衣室等有人员居住或休息的房间，管道不穿卫生间、电梯井、高层建筑中的避难间、空调机房、通风机房、计算机房等设备机房，管道不穿电力、电缆、暖气和污水等沟渠，管道不穿烟道、进风道和垃圾道等场所。

（4）阀门：无泄漏，阀门灵活、能正常操作使用、部件齐全。

（5）计量表：机械封印完好，指针或读数正常。

（6）计量间：计量间不住人，无易燃、易爆、易腐蚀物质，无堆放杂物，通风采光良好。

（7）燃具连接软管：软管为合格产品，无老化，无泄漏，长度不超过 2 m，无穿墙、穿楼板、穿顶棚、穿门窗等情况，无接头或三通，软管稳固。

（8）燃具：燃具为合格产品，无泄漏，无包封，燃具带熄火保护装置，灶具上部有排烟罩。

2. 瓶装液化石油气用户

瓶装液化石油气用户日常巡检重点主要包括用气场所、气瓶、阀门、调压器、燃具、燃具连接软管等。

（1）用气场所：房间不住人，无易燃易爆品存放，通风良好，有给排气条件，不设置两种及以上的燃料；气瓶、燃具不应设置在地下室、半地下室、密闭房间、高层建筑、卧室、卫生间、车库、储藏间内；公共用餐区域、大中型商业建筑内的厨房不应设置气瓶。

（2）气瓶：气瓶为合格产品，气瓶和接口无泄漏；居民用户不应使用和存放最大充装量大于 14.8 kg 规格的气瓶，多户类型住宅建筑的每套住宅内不应设置超过 1 个气瓶，单户类型住宅建筑套内不应设置超过 2 个气瓶，且每个用气房间内不应设置超过 1 个气瓶；商业用户使用和存放气瓶的最大充装总量不应超过

100 kg，气瓶总数量不应超过 3 个，每个用气房间内设置气瓶的最大充装量不应超过 50 kg，气瓶数量不应超过 2 个；不应使用气液双阀瓶或单阀液相瓶；气瓶应直立放稳、放平，不应卧放、倒立使用；气瓶远离明火和高温，不得对气瓶进行加热；气瓶上不应摆放杂物，气瓶与灶具外侧的距离不应小于 0.5 m。

(3) 调压器：调压器为合格产品，无泄漏，调压器出口压力不可调节；调压器安装到位且工作正常。

(4) 阀门：无泄漏，阀门灵活，能正常操作使用、部件齐全。

(5) 燃具连接用软管：软管为合格产品，无老化，无泄漏，长度不超过 2 m，无穿墙、穿楼板、穿顶棚、穿门窗等情况，无接头或三通，软管稳固。

(6) 燃具：燃具为合格产品，无泄漏，无包封，燃具带熄火保护装置，灶具上部有排烟罩。

四、燃气具维修

燃气具维修工作应根据遇到的故障现象分析产生故障的原因，从而选择正确的处理措施。

1. 灶具

(1) 回火。回火是火焰在燃烧器内部燃烧。燃气灶回火时，会产生噪声，并形成不完全燃烧。回火的原因及处置：如因燃气组分有较大变化，应向用户做好解释说明；如因压力降低，应检查管网压力及调压装置，确保维持燃具正常额定压力；如因燃烧器使用年久，火孔受腐蚀而直径扩大时，应更换燃烧器；如因喷嘴堵塞，应取下燃烧器用针清除杂物；如因燃具过热，应停用使其冷却，并排除故障；如因燃具装配不当，应校正喷嘴与引射器在同一轴线（喷嘴同心度差，更换喷嘴）；如因燃烧器杂物多，应进行清扫，使其保持畅通；如因火盖变形，应调换火盖；如因开启或关闭灶开关时有爆燃声，应调小一次空气进风口；如因燃烧器头部直径或容积过大，头部截面积与火孔总面积比例失调，应进行调整。

(2) 离焰、脱火。离焰是火焰局部刚刚脱离火孔。离焰继续恶化使火焰全部脱离火孔就是脱火。脱火会使火焰完全被吹灭。离焰、脱火的原因及处置：如因燃气组分有较大变化，应向用户做好解释说明；如因调压器失灵，压力偏高或没有调整好，应及时维修调压器或调整压力，确保维持燃具正常额定压力；如因火孔直径太小，应适当放大孔径或减小火孔间距；如因开启或关闭灶开关时有爆燃声，应调小一次空气进风口；如因排烟筒抽力过大，或风直接吹到火焰上，应调整排烟抽力，加装挡风圈或把灶移到无风处。

（3）灶具黄焰。黄焰亦称光焰，现象是火焰过长，内外焰不清晰，特别突出的是火焰呈黄色，属于不正常燃烧，说明产生了不完全燃烧。黄焰的出现，降低燃具热效率，排烟中 CO 含量增加，影响人体健康。灶具黄焰的原因及处置：如因一次空气供给量不足，应调大风门，增加一次空气的吸入量，至内外焰清晰为止；如因喷嘴直径偏大，应更换合适的喷嘴；如因燃烧的点火孔被饭汤、菜汤或灰尘、杂物堵塞，应清理燃烧器点火孔；如因引射器中有杂物，应进行清理。

（4）灶具点不着火。原因及处置：①核实外线是否有管道维修的情况，如是外线维修原因，关闭灶具阀门，等待通复气；②未及时购气，计量表自动切断气源；③气路有堵塞情况，及时清理堵塞物，保持气路通畅；④点火装置故障或电池没电，更换电池。

2. 热水器

（1）如排气口冒白烟，是因为室外温度过低，排出的烟气遇到室外的冷空气凝结呈白色状。

（2）如供水温度太低时，热水量减少，应使用器具搭载的自动水量控制装置自动调节冷水供应量。

（3）如热水开得太小（启动水压以下）造成熄火而变成冷水，应调大热水龙头。

（4）如冬天高温热水出不来，应将热水器龙头调小。

（5）如夏天低温热水出不来，应开大热水龙头。

（6）如关闭热水龙头后风扇没有立即停止工作，是为保障热水器再使用时能立即点火，风扇会延时继续运转一段时间后自动停止。

（7）如使用过程中熄火，应关闭热水龙头，过一会再使用。

（8）如接通电源、按下“运行开关”无显示，应检查电源插座电压是否正常、插座接地是否正确、机器电源线是否完好、变压器是否正常、面板显示器连线是否正常、电子基板上电流保险丝是否正常等。如有异常及时进行维修。

（9）如打开热水龙头机器不工作，应检查水流量（水压）是否不足、水路系统是否堵塞、进水温度是否高于设定温度、出水温度传感器是否有异常、测量电子基板是否给传感器正常供电、水量传感器是否有反馈信号、水流转子是否卡住等。如有异常及时进行维修。

（10）维修完毕，拆解的燃气具要组装恢复设备原貌，点火测试，燃烧正常，出水正常，并检测无燃气泄漏。

3. 两用炉（供暖供热水两用炉）

（1）两用炉点不着火，可能因为燃气中断，燃气阀门未开，供暖管路中进入空气；燃气管道、过滤网、喷嘴等被异物堵塞；燃烧参数设置错误，点火功率过小；点火器、电路板、风机等其他硬件故障。

（2）两用炉运行有“呜呜呜”的轰鸣声，多是由于烟管安装不正确，导致燃烧空气补充不足，主要原因有给排气管未完全露出墙体，导致进气不畅；给排气管内层排烟管错位脱落，烟气被倒吸回两用炉腔体；给排气管出口上方有遮挡物，烟气聚集，被倒吸回采暖炉腔体，造成燃烧空气不足；给排气管口被异物遮挡（如积雪、塑料袋、鸟窝等）。

（3）两用炉出水温度达不到设计要求，可能因为燃气流量不足，一次压偏低；燃气阀门未全开，燃气管口径偏小，燃气过滤网堵塞；两用炉燃气喷嘴堵塞，部分火排未着火；水质太硬，热交换器铜管内结垢，热交换器积炭堵塞；电磁阀、比例阀、电子基板、温度传感器的硬件故障等。

（4）两用炉运行有杂音，可能因为两用炉水泵排气阀和管路散热器、分集水等排气阀未打开，管路中有空气；供暖管路内有杂质，杂质随水流发出碰撞声；供暖管路不畅，两用炉内部旁通阀开启。

（5）室内温度未达到设定温度时，两用炉就自动熄火。这种故障多是由于系统水流量太小，引起了超温停机，主要原因有供暖阀门没打开，或供暖管路阀门通径太小，流量不足；阀门被生料带等异物堵塞（包括分集水器阀门）；供暖管路杂质多，过滤器堵塞；管道热熔不合格，堵塞管道；管道过长，弯道过多，系统沿程阻力过大，循环泵扬程不足；热水管路有杂质，循环泵被杂质堵塞等。

（6）风压故障，可能因为给排气管过长，弯头过多，加长烟管时限流环未取下；给排气管尾部堵塞；热交换器积碳或灰尘堵塞；风压开关硅胶管破裂、被杂质或水雾堵塞；风压开关、电路板、风机等硬件故障等。

（7）供暖热水出水及温度正常，生活热水出水异常，可能原因有给水水压过低，水量太小；水量传感器水流转子卡死；三通阀故障，未切换；水量传感器、电路板等硬件故障。

（8）供暖管路频繁降压，可能原因有管路泄漏、两用炉补水阀未关紧等。

五、安全宣传

1. 使用燃气安全须知

（1）灶具应安装在有自然通风和自然采光的厨房内。不能私改燃气设施，有燃气设施的房间严禁住人。

（2）燃气器具周围不能放易燃物品，不要在燃气设施上悬挂杂物。

（3）使用燃气时，不得离人，避免液体煮沸溢出、淋熄灶火。使用燃气时注意通风换气，使用后及时清理灶具。

（4）长时间不在家时，关闭表前阀。

2. 发现泄漏及火灾爆炸的处置方式

（1）在厨房里发现有燃气味道，疑似燃气泄漏。

处理方式：直接关闭表前总阀门，打开门窗通风，其间禁止开关任何电气设备或使用明火；同时，迅速、轻轻地退出房间，打开楼道窗户通风，大声通知楼道内其他人员不要开关电气设备及使用明火，到室外安全地方拨打 119、燃气企业报修电话和小区物业电话，并等候专业人员前来处理。

（2）在室内其他房间发现有燃气味道，疑似燃气泄漏。

处理方式：禁止开关任何电气设备或使用明火，在确保安全的前提下，关闭燃气总阀门，打开门窗通风，迅速、轻轻地退出房间，大声通知楼道内其他人员不要开关电气设备及使用明火，到室外安全地方拨打 119、燃气企业报修电话和小区物业电话，并等候专业人员前来处理。

（3）在室外发现自家室内有燃气味道，疑似燃气泄漏。

处理方式：不要立即进门，先打开楼道内窗户通风，大声通知楼道内其他人员不要开关电气设备及使用明火，到室外安全区域拨打 119、燃气企业报修电话和小区物业电话，请专业人员到场处理。

（4）发现邻居家、楼道内有燃气味道，疑似燃气泄漏。

处理方式：不能用按门铃、打电话等方式提醒，这些行为可能会产生微小的电火花，引起燃气爆炸。如果屋内有人回复，立即大声告知邻居，不要开关任何电气设备，不要使用明火，请邻居及时关闭表前总阀门，打开门窗，保持空气流通；同时，打开楼道窗户通风，大声通知楼道内其他人员不要开关电气设备及使用明火，到室外安全地方拨打 119、燃气企业报修电话和小区物业电话，等候专业人员前来处理。

（5）在家中发生燃气火灾和爆炸。

处理方式：在确保安全的前提下，可尝试关闭表前总阀门；同时，不要贪恋家中财物，迅速退出房间，大声通知楼道内其他人员发生火灾，到室外安全区域拨打 119、燃气企业报警电话和小区物业电话，并等候专业人员前来救援。

（6）在室外发现自家室内或小区其他区域有燃气火灾和爆炸。

处理方式：不要进门，尽快撤离，同时大声通知楼内其他人员尽快撤离火灾现场，到室外安全区域拨打 119、燃气企业抢修电话和小区物业电话，并等待专业人员到场处理。

3. 派发安全用气常识宣传册

询问客户有没有别的问题需要跟进，并派发安全用气常识宣传册。如日后再有问题，可致电客户服务热线，并告知联系电话。

六、瓶装液化石油气送气

1. 工作内容

（1）气站派送订单，安排气瓶充装和配送计划。

（2）配送人员到充装站或换瓶点提取充装完毕的气瓶，并确保气瓶外观完好、标识清晰。

（3）检查送气车辆的安全性能，包括制动、轮胎等。按照规定的路线和时间将气瓶安全送达客户指定地点。

（4）检查气瓶外观是否有明显的凹陷、腐蚀、裂纹等损坏情况。

（5）确认气瓶的阀门是否完好，调压器、连接管、无泄漏现象，报警切断能否正常使用，灶具是否有熄火保护装置。

（6）检查气瓶的充装标签和检验合格标志是否齐全有效。

（7）检查客户用气场所的通风情况、是否有双气源等安全隐患。做好用户的瓶、管、灶、阀的连接工作，并使用燃气检漏仪进行漏气检测，解答客户关于使用的疑问，无误后在瓶体加挂盖有送气单位公章及送气工签名“安全合格标志牌”。

（8）检查完毕，填写安检单并存档。在安检过程中发现的隐患要及时提醒用户整改，对用户不满足用气条件和拒不改正的应及时上报企业，并在用户整改完成前停止供气。

（9）回收空瓶并妥善运回充装站或换瓶点。

2. 配送车辆

（1）配送车辆驾驶人应当取得所驾车辆相应的驾驶证，须自觉遵守交通安全法律法规，做到安全、文明驾驶，严禁违法载人。配送车辆因发生交通事故被依法扣留的，应由该配送人员及时通知所属经营企业对所载瓶装液化石油气瓶妥善处理。

（2）配送车辆禁止加装改装动力装置或影响交通安全的装置，应严格控制行驶速度，行驶速度应低于路段限速要求和其他限速规定。

（3）配送车辆应从工业和信息化部公告《道路机动车辆生产企业及产品》中选择，不得使用厢体封闭等不符合安全技术要求的车辆。所有配送车辆应使用统一编码规则进行编号。车身侧挡板、后挡板均应标明该车辆唯一编码并喷涂易燃气体警示标志。安装卫星定位装置，具备车辆定位、轨迹记录和安全警示功能，并与企业信息系统实时连通。

（4）配送车辆挡板高度不应低于气瓶高度的2/3。15 kg气瓶立放装车时不能超过两层，保证上层的瓶体横向中线在汽车厢板上沿以下，并进行必要的捆扎，防止运输中气瓶滚落。汽车不得超载，且不能混装其他货物，尤其不能混装氧气、氯气等氧化性物品。

（5）配送车辆应当配备1～2具干粉灭火器（总重不少于4 kg），采用专用挂架悬挂在车辆挡板前方。汽车进出液化气站应在排气管上安装防火帽（阻火器）。

（6）配备工具箱，放置专用角阀堵头、应急堵漏扳手、便携式燃气检测仪等工具和器材。

（7）配有固定钢瓶的捆扎绳带和具有消除静电材质的支架、防撞胶圈等装置，确保钢瓶直立摆放并固定良好。

（8）配送车辆应在液化石油气企业设置的标准专用充电箱进行充电。

3. 安全要求

（1）送气人员穿着防静电工作服、工作鞋。

（2）严格遵守交通规则，确保运输过程中气瓶的稳定和安全。

（3）搬运和装卸气瓶时轻拿轻放，防止碰撞和摔落。

（4）进入客户场所时，遵守公司的安全规定。

（5）不得在不具备安全条件的场所存放气瓶。

七、应急抢修

应急抢修是指发生危及安全的燃气泄漏，以及引起火灾、爆炸等突发事件，为尽快控制和减少事件造成危害而采取的紧急处置措施。主要的安全要求如下。

（1）接到报警后应立即出警到达现场，并根据情况启动应急响应，采取应急处置措施。

（2）用户燃气设施发生的事故可能导致火灾、爆炸等事故，危及周围人身财产安全时，应协助公安、消防及其他有关部门进行抢救、保护现场和疏散人员。

（3）抢修人员进入作业区前应按规定穿戴防静电服、工作鞋及防护用具，宜佩戴职责标志，并严禁在作业区内穿脱和摘戴。作业现场应有专人监护，严禁单独操作。

（4）抢修人员应根据燃气泄漏程度和气象条件等确定警戒区、设立警示标志，严禁烟火，无关人员不得留在现场，根据需要疏散人员，并随时监测周围环境的燃气浓度。

（5）发生火灾时，应及时切断相关燃气气源，在安全区域放散管道余气，积极协助人员救治。

（6）当燃气泄漏发生爆炸时，应迅速切断气源，积极协助人员救治。

（7）燃气设施修复后进行气密性测试，确认安全，并经现场指挥同意后方可恢复供气。

（8）完成抢险工作记录，进行安全事件处置工作检讨和总结。

第三节 相关事故案例

一、胶管超期开裂造成燃气闪爆事故

2021 年 10 月 24 日 5 时 35 分，瓦房店市铁东街道办事处文圣社区五一路二段 271 号居民楼发生燃气闪爆事故。事故造成 2 人死亡、7 人受伤（1 人重度烧伤，4 人轻度烧伤，2 人轻度外伤），直接经济损失约为 894.7 万元。

（一）事故经过

2021 年 10 月 24 日 5 时 35 分，位于大连瓦房店市铁东街道办事处文圣社区五一路二段 271 号居民楼发生爆炸。该建筑 5 层，共有住户 20 户，五楼西北角发生坍塌。疏散楼内居民及周边群众 50 余人。在五楼东侧、中侧救出 7 人并送往医院救治。10 时 0 分，搜救出 2 名失联人员，移交给 120，经 120 确认已无生命体征。

（二）事故原因及分析

（1）闪爆介质的确定。此次闪爆着火事故的闪爆介质为天然气。

（2）闪爆点的确定。本次燃气闪爆火灾事故的爆源位于 504 室内，为一起密闭空间内燃气闪爆继而引发着火的事故。

（3）造成本次事故的主要原因。504 室住户使用不合格灶具连接胶管，且胶管使用年限超期，在较低温度下出现脆性开裂，致使燃气泄漏，室内形成闪爆气体，与明火点燃后产生闪爆。燃气用户安全意识淡漠，燃气使用完毕后，未及时关闭燃气管道灶前阀门、使用不带熄火保护装置的灶具等。

（4）造成本次事故的次要原因。大连新世纪燃气有限公司在指导燃气用户安全用气方面虽然开展了入户检查，并对 504 室用户存在的安全隐患进行了告知，但 504 用户拒不整改，只关闭阀门未采取强制停气措施。

（三）事故启示

（1）全面压实企业主体责任。要对燃气用户进行定期入户排查。要完善应急预警，提高突发情况处置能力。要加大资金投入，快速推动老旧管网改造。要加大科技投入，提高巡查检查人员能力，加快推广应用燃气管道安全信息化技术，提高发现问题和预警问题的能力。要加大人力投入，确保重点部位死看死守。建立完善巡查检查机制，明确责任人。

（2）进一步落实属地、行业监管责任。要深刻吸取事故教训举一反三，加强统一协调管理，层层压紧压实责任，把防范化解安全风险摆在重要位置。要对燃气安全生产工作进行再动员、再部署、再检查。要进行全链条、全覆盖、地毯式排查整治，逐项、逐事、逐户排查，横向到边、纵向到底，做到严、实、细、狠、准。要强化检查人员燃气安全常识的培训，提高排查和发现隐患的能力。对排查出的安全隐患要建立台账，落实整改责任人、整改期限和整改措施；对重点难点问题要进行“回头看”，反复审查、系统整改、防止反弹；对拒绝整改或拖延整改的，要坚决依法整顿，坚决依法、依规、依纪追责问责。要定期分析研判安全风险，紧盯薄弱环节采取有力有效防控措施，及时发现问题、解决问题，严防漏管失控引发事故；要组织燃气专家参与排查整治，坚决防止搞形式、走过场，确保大排查、大整治取得实效，杜绝类似问题再次发生。

（3）加大燃气安全大宣传活动。要通过走访入户、宣传平台等方式，进行公众化、精准化宣传，营造浓厚宣传氛围。编制发放通俗易懂、图文并茂的燃气安全宣传材料，利用多种手段刊播燃气知识，普及燃气安全知识，制作悬挂燃气安全宣传条幅及海报。指导居民正确使用燃具、预防燃气泄漏及处置事故，做到每家每人都了解掌握燃气安全知识。

二、燃气不完全燃烧造成一氧化碳中毒事故

2023 年 5 月 15 日 1 时 30 分，位于海淀区曙光街道云会里远流清园 3 号楼的北京爱尚十二星座体育文化发展有限公司（门店名为爱尚游泳健身诚品店）地下一层发生一氧化碳中毒事故，造成 1 人死亡、8 人受伤，直接经济损失 298.35 万元。

（一）事故经过

2023 年 5 月 15 日 1 时 41 分，爱尚十二星座体育文化发展有限公司会籍经理陈某、健身教练李某和刘某坤回爱尚游泳健身诚品店拿取个人物品。1 时 45 分，在地下一层休息室居住的游泳教练邓某军走到组合器械区，倚靠在龙门架旁晃动身体。从附近经过的李某发现异常，呼之不应。1 时 55 分，邓某军出现四肢抽

搐，对现场人员的询问无回应。随后，在休息室内居住的另一名游泳教练贾某境被发现双眼通红躺于床上，现场人员询问得知其头疼但神志清醒。2 时 13 分，邓某军已失去意识、倒卧在地上。2 时 21 分，拨打 120 急救电话。2 时 31 分，贾某境晕倒。同时，在值班室内居住的保洁员曹某森、宋某侠被发现昏迷在床上，嘴角有褐色呕吐物。2 时 36 分，120 急救人员到达现场展开救援，发现现场空气情况异常。2 时 40 分至 47 分，贾某境、邓某军、宋某侠先后被送往附近医院救治。3 时许，曹某森经急救人员现场抢救后送至附近医院救治，后经医院确认曹某森已死亡。此后，参与救援的陈某、刘某坤、李某、曲某佳、胡某等 5 人先后出现不同程度头晕、恶心，由 120 急救车送往医院就医。

（二）事故原因及分析

在锅炉房排风设备未开启且无新风供给的工况下，锅炉内燃气燃烧时因氧含量不足产生大量的一氧化碳，无法经堵塞的烟道排出室外，从排气筒与烟道缝隙泄漏至锅炉房内，通过锅炉房顶部管道及房门缝隙蔓延至地下一层值班室、休息室等区域，造成人员中毒。施救人员处置不当，导致人员伤亡扩大。

（三）事故启示

（1）切实增强安全发展的政治自觉。要深刻吸取事故教训，进一步树牢安全发展理念，强化风险意识和底线思维，切实落实属地和行业监管责任，增强做好安全生产工作的责任感和紧迫感，坚决防止一边开展隐患排查整治一边发生事故。加强应急处置能力建设，严格落实突发事件信息报送要求，切实消除各环节突出问题。

（2）着力加强地下室安全使用管理。加强地下空间安全使用监管执法，督促属地街道乡镇加强地下空间使用情况巡视、清查，全面排查整治地下室违规住人问题，督促被许可使用人、所有权人及受托管理人严格落实地下空间安全使用管理要求，严厉查处不如实申报情况、擅自改变规划用途、安全管理缺失等行为。市住房城乡建设部门要加强督促指导，在全市组织开展地下室安全使用管理隐患排查治理。

（3）深入开展锅炉及中毒窒息事故隐患排查治理。要深入开展锅炉及一氧化碳等中毒窒息事故隐患排查治理；加大监管执法力度，督促各类锅炉使用管理单位严格落实锅炉安全使用管理制度规范和物防技防措施，加强日常安全检查，加强应急教育和培训，使从业人员具备必要的应急知识，掌握风险防范技能和事故应急措施，坚决防范遏制事故发生。

三、擅自更换减压阀致液化气泄漏爆炸事故

2023 年 6 月 21 日 20 时 37 分许，宁夏回族自治区银川市兴庆区富洋烧烤民族街店发生一起特别重大燃气爆炸事故，造成 31 人死亡、7 人受伤，直接经济损失 5114.5 万元。

（一）事故经过

2023 年 6 月 14 日，宁夏铂澜能源有限公司（简称铂澜公司）工作人员将 2 个 50 kg 的气液双相液化石油气钢瓶（俗称“双嘴瓶”）配送至富洋烧烤店，并将调压器安装在涉事钢瓶的气相阀上，用气正常。店员马某误将气相阀调压器安装到液相阀上。李某发现瓶阀与调压器连接处异常，有微量泄漏、闻到异味，误认为调压器存在问题，便将调压器卸下，做外观检查后装回液相阀继续使用；再次发现异常，随即关闭液相阀，卸下调压器进行拆解，发现内部构件损坏，并告知前厅经理海某。海某致电铂澜公司，被告知“先把阀门关上之后就不要乱动了，公司这边会尽快安排售后到店内维修处理”。海某进入后厨，查看调压器后，安排李某到五金店购买调压器；李某返回将购买的调压器（经鉴定为假冒伪劣产品）误装回液相阀上，并多次尝试点火，均没有成功。海某让马某去搬另一只备用钢瓶，同时开始拆卸涉事钢瓶的调压器；调压器与液相阀的接口处有少量“白雾”状液化石油气喷出（第一次喷射状泄漏），海某快速将调压器顶回后“白雾”消失；李某在关闭液相阀时拧错了方向，由“关”为“开”，喷出长约 3 m 的“白雾”（第二次喷射状泄漏）；海某关闭液相阀未果，误拉动连接调压器的软管，导致泄漏量加大；泄漏的液化石油气与空气混合达到爆炸极限，遇厨房内正在使用天然气的灶具明火发生爆炸。经模拟测算，参与爆炸的液化石油气量为 4.85 ~6.06 kg。

（二）事故原因分析

液化石油气配送企业违规向烧烤店配送有气相阀和液相阀的“双嘴瓶”，店员误将气相阀调压器接到液相阀上，使用发现异常后擅自拆卸安装调压器造成液化石油气泄漏，处置时又误将阀门反向开大，导致大量泄漏喷出，与空气混合达到爆炸极限，遇厨房内明火发生爆炸进而起火。由于没有组织疏散、唯一楼梯通道被炸毁的隔墙严重堵塞、二楼临街窗户被封堵并被锚固焊接的钢制广告牌完全阻挡，严重影响人员逃生，导致伤亡扩大。

（三）事故启示

事故调查组总结了 5 个方面的主要教训：该坚守的安全红线没有守住，该有的强烈责任感却放松懈怠，该全链条监管的却掉链断档，该用打非治违的硬措施

没有硬起来，该抓实的安全基础没有抓到位；同时，提出 6 项整改和防范措施建议：统筹发展和安全，狠抓燃气安全大起底；严格市场准入，全面规范行业发展秩序；强化齐抓共管，提高安全监管效能；迅速开展行动，彻底整治餐饮用户隐患；完善法规标准，提高适用性和强制性；狠抓社会末梢，提升基层能力水平。

附　　录

附图1　禁止标志

附图2　警告标志

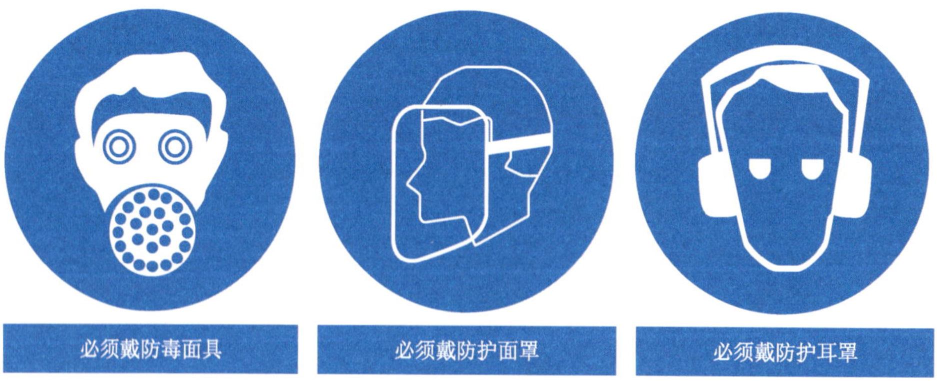

附图3　指令标志

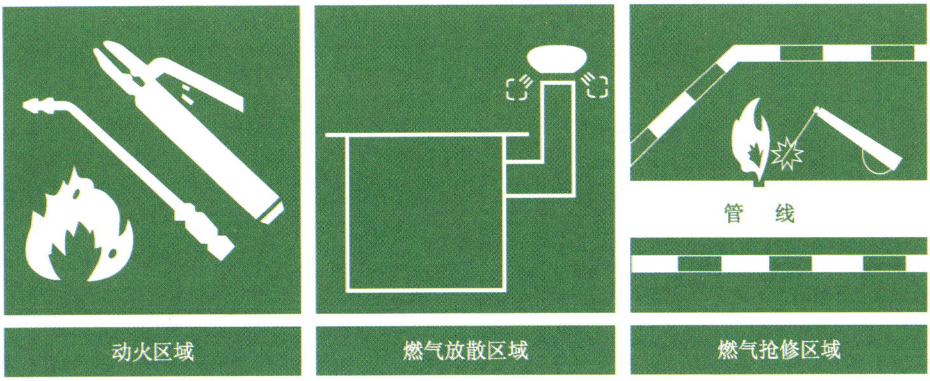

附图4　提示标志

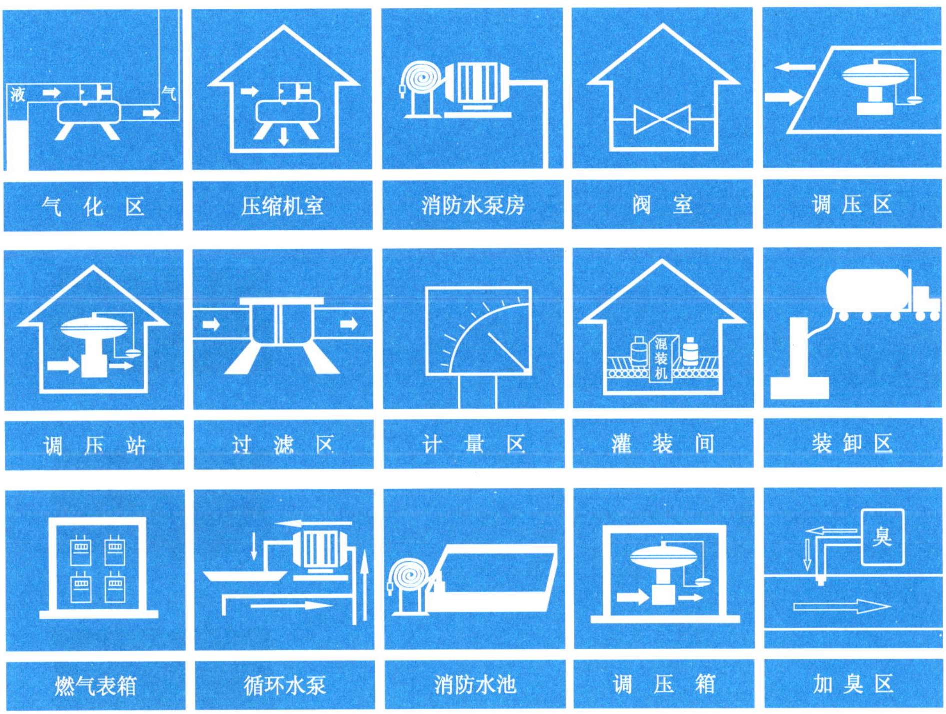

附图5　燃气设施名称标志

附表1 工艺管道整体涂色

管道名称	颜色名称	颜色示例及编号
人工煤气管道 天然气管道 液化石油气气相管	淡黄色	Y06
液化天然气管道	保温保护壳体本色	—
液化石油气液相管	室内 中灰色	B02
	室外白色	—
残液管道 排污管	黑色	—
压缩空气管道	天酞蓝色	PB09
氮气管道	淡棕色	YR01
安全放散管	紫红	R04
消防水管	大红色	R03

附表2　色环涂色规定

压力级别	颜色名称	颜色示例及编号
低压 $P<0.01$	艳绿色	 G03
中压 $0.01 \leqslant P \leqslant 0.4$	天酞蓝色	 PB09
次高压 $0.4<P \leqslant 1.6$	大红色	 R03
高压 $1.6<P \leqslant 4.0$	紫色	 P02